讀故事，學領導

Read Story : Improve Your Leadership Skills

呂勇達——口述

陳秀雯——採訪整理

內蘊縱橫擘畫的祕訣 轉化決策佈局的哲理

領導紅皮書

出版緣起

我們為什麼要出版這套叢書？

樂果文化發行人 賴秀珍

作為出版人，我們能做的，就是用智慧和圖書產品回報社會。至於這一套叢書，緣起很簡單。

市面上的很多書籍，作者不是專家就是大師；普羅大眾之所以買這些人的帳，是因為大家在學校的時候已經讀慣了教科書，就算出了社會，放下了教科書，卻仍然沒有擺脫教科書式的思想方式，所以我們會不由自主迷信理論和教條；而大部分學院式的書籍寫作方式，很容易淪為紙上談兵，無法解決實質問題。

於是，我一直有個想法，希望透過簡單易懂的方式，策劃一套關於創新、行銷、交際、談判等多個領域的專業理論入門書。

二〇一二年春天，我在日本考察結束後回到台北，機緣巧合遇到了林文集先生，偶然聊到了我想出版一套這樣的書籍。沒想到林文集先生的想法竟然與我不謀而合，於是，他成為了這套書籍的第一個作者，開始撰寫《讀故事，學行銷》。

為什麼「讀故事」？不妨用林文集先生的一個故事回答這個疑問。

在某一次訓練課，我給學員出了一個題目：「成功之道」。勤奮？堅持？進取心？學員們大談特談，但能給人留下深刻印象的卻不多；其中一位學員上台之後，講了一個故事。

「我有兩個同學，心志都很高。其中一個，剛畢業的時候很高調，宣稱絕對不從低層做起；結果十五年之後，他還停留在低級職位上。至於另一位同學，剛畢業就從最基層的職位開始做起，並隨時留意是否有更好的機會；後來，他到了紐約和別人一起開公司做承包生意，成了有名的商人。」

這個故事引起了學員的熱烈討論，直到下課鈴響，所有人都還依依不捨地待在位子上。

這就是故事的魔力。

在聽故事的過程中，一般人很容易就能了解重點，更重要的是，用說故事的方式，更容易吸引聽眾的興趣。

當然，這套叢書依舊面臨一個很大的問題。

在作者的遴選上，我從一開始就進行了嚴格的把關：不僅要有好的文筆和深厚的知識素養，還要有豐富的實戰經驗……

可想而知，合適的作者該有多難找了。

這個難題在李錫東先生到來之後，便迎刃而解了。

安靜中蘊含著智慧，微笑中隱藏著惡作劇意味，彷彿一個萬聖節不給他糖果就會裝鬼嚇人的老男孩——這就是李錫東，自由、傑出、特立獨行的文化創意工作者和圖書出版人。

這套書的其他作者，就是彷佛魔術師一樣的李錫東先生一個一個變出來的，在他的引薦之下，我結識了陳進成先生和王崑池先生等各行業的精英，這套書的出版計畫，也變得越來越充實與飽滿。

媒體人是最喜歡創新的人，他們每一個突然浮出腦海的奇思怪想，都具有某種神祕的魔力，讓人忍不住沉迷其中。

另外補充一點，關於這套叢書的設計，當時在策劃內容的時候，他給我的建議是，要讓讀者在一天之內能讀完一本書，而且獲得應該獲得的實用知識，我覺得這套叢書基本上實現了這個目標。在書名和封面的設計上，李錫東先生也提供了顛覆性的創意：用藍皮書、黑皮書、綠皮書……做書名，封面也用相關聯的顏色，藍色、黑色、綠色……這一設計，是基於色彩心理學的原理。比如，藍色象徵中規中矩與務實，適合強調一板一眼具執行力的專業人士。那麼，讀故事學執行的書名，就用《執行藍皮書》。以此類推，黑色代表「權威、專業」，在行銷的世界裡，需要的就是快、狠、準的行銷手法，讀故事學行銷的書名，不妨用《行銷黑皮書》；綠色象徵和平、沉穩，給人無限的安全感，在人際關係的協調上扮演重要的角色。這正是談判者所必備的素質。為此，讀故事學談判的書名，就定為《談判綠皮書》；橙色具有熱情的特質、給人親切、坦率、開朗、健康的感覺，是交際中不可缺少的色彩。因此，讀故事學交際的書名，就用《交際橙皮書》……

以上完整呈現了本套叢書第四個特色：內容新穎，形式更是別具一格。

寫到這裡，讀者一定會問：「閱讀這套叢書有什麼好處呢？」這個問題我不能越俎代庖來回答，只有讀者親自讀了才能做出自己的評價。編者和作者能做的，就是確定一個非常明確的努力方向，然後專業、嚴謹、用心寫好每一個字。但是，我能保證，這套叢書可以讓你一本接一本地讀下去。

推薦序

領導就是做光做鹽

中華民國內政部政務次長

陳純敬

作者呂勇逵先生身為上海市慧高精密電子工業有限公司總經理，以數十年的精力致力於建立一個無堅不摧的團隊，並成功地領導企業集團走過成長、邁向穩健。他相信沒有完美的個人，只有完美的團隊。他善於有效地組織各種必要的資源，進行組合以發揮整合優勢，並激勵員工朝卓越方向邁進，這便是成功的領導。然而他是怎樣做到的呢？

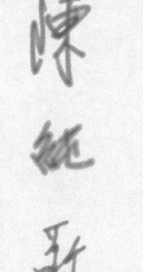

有一種領導叫『親情』

曾經有中國大陸的記者針對他在上海慧高精密電子工業有限公司，做過調查和統計：在近四百名員工中，工作滿十年以上的占百分之十五以上，五年以上的更有近百分之三十以上，這意味許多老員工多年來一直「追隨」著慧高。

近二十年來的中國，經濟發展蓬勃，外面的世界很精彩，但是什麼原因讓資深員工捨不得離開慧高？中國媒體採訪慧高的資深員工時他們這樣表示：「慧高有一種制度叫『親情』。」

在慧高的工會有十八個愛心小組，其使命就是及時了解員工在工作和生活中的困難，並彙總到工會。如員工家里碰到婚喪喜事，工會主席和人事科長都會代表公司慰問。一旦遇到棘手的困難，則向董事長報告解決。

據說呂總曾放棄回臺灣探親的機會，只為了出資為一位資深員工的兒子辦滿月酒。慧高企業多次在公司發起愛心募捐，連續多年為受傷的員工和家人致送慰問金。老板視下屬親如子女、員工之間親如兄弟姐妹。

正是因為重情感，慧高在招募員工時，會優先錄用公司所在地的當地人；與慧高同時期創廠的許多企業為連續享受當地政府所提供稅收優惠政策，在期滿後會重新註冊新廠，以享新的優惠或乾脆遷離現地，但慧高卻沒有這樣做；現在呂總經常關心的是：公司給予員工的薪水能不能更多？因為他認為：「誠信高於效益，親情重於利益」。

呂總很重視企業與員工的關係。他認為「企業的成功不是老闆個人的成功，而是整個團隊的成功。」他認為只有管理者和員工之間的有著充分溝通，才能達成對企業發展目標的共識；領導者的任務就是要為員工創造和諧、愉快、積極向上的工作環境，以幫助員工更積極地來完成企業使命。

此外，慧高每年都會投入許多資金進行員工培訓，以開拓員工視野，提升員工素質，加強技能培訓，讓每個員工都能盡快熟練掌握工作的技能，並熟悉企業生產的各個流程。最主要的是透過員工培訓，可以增強企業的凝聚力，使員工和企業成為一體，打造出雙贏局面。

據說，慧高企業每位員工生日，呂總都會送上一份親手書寫的賀卡和蛋糕禮券，讓員工切實感受到了企業的溫暖。這樣做的結果，也給企業的發展留住了人心。

『光・鹽』領導學

走進慧高公司，辦公室和廠房隨處可見『光・鹽』兩個大字，這就是慧高公司推崇的企業精神。呂總表示，光代表一種能量和品德，如燃燒自己，照亮別人，光明正大、光明磊落。鹽雖是微不足道，卻是生活中不可或缺的物質，它能使湯水有味，能防止腐化，兼具調和的力量。每個人就是要像光和鹽一樣，在自己的位置上發揮最大的能量，造福於社會，創造自己的價值。

原來呂總透過經營企業和領導員工上，已經在『光・鹽』賦予了嶄新的含義。這就是領導最高境界了！

相信透過本書，各位也可以親炙呂總在領導上見微知著的用心，並能體會和領悟，如何透過成功的領導邁向更成功的人生了！

推薦序

打造領導力的最佳讀本

中華民國行政院政務顧問，育達文教事業集團董事長長 江達隆

領導力意味著我們能從大局出發來分析和解決問題，保持自己的既定目標不動搖；領導力也意味著我們可以從容地跳出個人的小圈子，用整體的思想來應對這個複雜而多變的世界；領導力還意味著我們在關心自我需求的同時，也對他人給予更多的重視，並在溝通中尋求一種更為平等、坦誠也更有效率的解決方案……

簡而言之，領導力就是一種有關前瞻與規劃、溝通與協調、真誠與均衡的藝術。

作者呂勇達先生本身在企業經營和員工培植上的傑出成果，靠的就是將企業和員工當作是自己的家庭和親人，也因此深知要帶領企業成長、要帶領員工成長，就要從『心』做起。因此他除了用完整的企業文化做為傳播外，也透過口頭教導和以身做則，從日常關懷來感動員工，這就是領導者的魅力！

領導力無處不在。它無時無刻都存在於我們的周圍，小到一個家庭，大到一個團體，一個一個國家；只要有群存在，就有領導力的影子。

即便是只有兩個人在一起，也會自然分化成領導者和被領導者兩種存在。但這兩者都是同時存在的，不是一成不變的，而是一種時刻處於變化之中的動態關係。

人們在生活和工作當中，無時無刻不處於領導力的作用之下。在工作上要接受上級主管的領導，也受到來自各方面的領導力的制約，並同時對下屬周邊的人和事物施予領導力。

在社會生活當中，同樣如此，相關的管理和服務部門，都會向人們施予無形的領導力，同時人們也會透過各種形式向周邊的人和事物產生同樣的作用力。

認識到領導力的意義和作用，你就會持續培養和提昇自己的領導力，使自己始終立於不敗之地，這正是本書的立意所在。

本書最大的價值就在於告訴你：重視和打造你的領導力，你也能夠成為一個好的領導者。

在本書中看到呂先生以一個個經典的故事及分析，討論領導者如何透過實際行動，把理想化為行動，把願景化為現實，把分裂化為團結，進而創造一種氛圍，讓人們在此氛圍下抓住極富挑戰性的機會，取得非凡的成功。

不管你是在民間企業還是在政府部門，不管你是一個職員還是一個志工，這本書將會幫助你開發出自身的領導力。

本書最大的特點就是避開了空洞的說教，只要一翻開書就會給你一個驚喜。一個個關於領導者和領導力的故事，讓你耳目一新，妙趣橫生，流連忘返，並在閱讀中逐漸感悟到領導的魅力，向呂先生學習提高自己領導力的千方妙計。所以，擺在你面前的這本領導學錦囊，正在考驗與提昇著你的領導力！

推薦序

領導學的答案就在故事裡

富瑋科技公司董事長 曲榮福

「作為航空公司的管理人士，我一直認為，從來就沒有失敗的團隊，只有不成功的領導。」

以美國西南航空公司決策者凱勒為例，他的決策就體現了領導在團隊中的舉足輕重地位。

在美國航空業大蕭條的年代裡，由於市場環境主導了企業的經營模式，很多航空公司的決策者都尊崇著「顧客主導企業」的思維定式，唯獨西南航空公司的凱勒走了另一條路，他看重員工的能力，認為只有當員工在付出真實努力的時候，企業的困境才能真正有所改善。最終的結果是，在所有航空公司都虧損的情況下，西南航空公司卻一直保持盈利。

差距在哪裡呢？探究根本，在於領導者的「思維」，而這種思維就是領導力的一種體現。

對於領導與領導力這個話題，相信讀者會有一千個問題要問：

一個成功的領導者應該具備什麼樣的素質？

如何提昇你的領導力？

怎樣做，才能成為一個成功的企業領導？

在面對逆境時，我該如何帶領團隊走出泥淖？

……

說來簡單，這些問題的答案，其實就濃縮在一本書名為《讀故事，學領導——領導紅皮書》的再版暢銷書中。

這本書與以往我看的所有關於如何領導的書都不同，作者運用的是四兩撥千斤技巧：通過古今中外一個個經典的領導學小故事，給讀者輕巧的點撥和啟發，你總能從這些小小的故事中得到一些領悟。

我喜歡這本書的原因，就是它以一種故事的形式與我巧妙對話，沒有大而空的理論。每次讀這本書的時候，我既輕鬆又認真，因為我總會被其中的故事吸引，卻又不得不去認真思考。要知道，其中有些故事不是直接針對你該如何領導，但你總能感受到這些故事，對你在企業管理中遇到的一些問題有著莫大的提醒。

很多時候，你當時還不能領悟故事背後的道理，甚至你放下書的時候，也會常常想著其中蘊含的領導智慧。有一次，我開車的時候，想到書中的一個故事對我在管理企業時，遇到的一個難題有所啟發，但一時又沒能頓悟，想著想著，差點跟前面的一輛車打了個「kiss」。我趕緊收神，逼迫自己不能在開車的時候思考。在後來某個早晨洗澡的時候，我竟然莫名地領悟了！一時興奮難抑，在洗澡間唱起歌來，搞得我太太懷疑我是不是愛上某個人了。

感謝這本書，雖然這本書中有些故事給我的啟示我還未全部領悟，但我感覺對於企業的領導越來越輕鬆了。

讀這本書就像走在沙灘上撿拾貝殼，你總是會遇到美麗的貝殼，走到沙灘盡頭，你就抱滿懷了；可當你回頭重新走過，你還會撿到一些被你第一次落下的，這也正是這本書的魅力所在。你讀一遍、兩遍、三遍，都會有所收穫，並且每次的收穫都不一樣。

有這樣的好書存在，對讀者而言不得不說是一個驚喜。

領導之路艱難而險，稍有不慎的決定，都有可能給企業造成莫大的損失。

作為一個領導，邊領邊學，邊學邊領，才能真正趨向完美，儘管這是一條沒有盡頭的路。

推薦序

小故事裡的領導學

連營科技公司董事長

「領導力」一詞是舶來品，它的內涵非常寬泛。首先，領導力不是領導才有，而是所有管理者都必須提昇的能力；其次，領導力是根據組織特定時期的既定戰略目標。推動組織發展，需要管理者具備的最佳管理行為和領導能力的總和，最終指向的是一個「管理者團隊」的領導水準和能力。

我在電子公司從事領導工作多年，在管理團隊這方面也曾形成自己的一套「幹部培養任用」制度，但在面對市場經濟的轉型中，還是不具備體系上的科學性。

如何提高自己的領導力呢？

現在，市面上關於這方面的書可謂汗牛充棟，卻很少有真正能夠為某個剛剛起步的創業者、某個速食連鎖店的帶班經理，抑或某個財富五百強企業的CEO，提供幫助的好書。

作為企業的領導者和讀者，我也深知一線經理既不想聽關於如何獲取領導力的陳腔濫調，也不需要知道商學院傳授的那些枯燥理論。為此，我選擇了一本與眾不同的「領導力培養書」《讀故事，學領導——領導紅皮書》，並且很榮幸地為這本再版的暢銷書作序。

這本封面的主體顏色為紅色的「領導紅皮書」，首先，在視覺上就給了讀者強烈的衝擊，集中體現了色彩心理學的原理。

眾所周知，紅色是領導者的顏色，象徵熱情、權威、自信，是一個能量充沛的色彩——全然的自我、全然的自信、全然的要別人注意你。當你想要在大型場合中展現自信與權威的時候，簡單的一件紅色單品，都能助你一臂之力。

本書不僅在封面設計上體現創作者的良苦用心，就連書名也體現了與同類書的最大不同——用讀故事的方式來學習領導力。

這樣的寫作方式有什麼妙處呢？

當前網上流行的一個段子可以很好地說明：

獅子讓一隻豹子管理十隻狼，並且負責分發食物。

豹子把肉平均分成了十一份，自己要了一份，其餘的給了十隻狼。這十隻狼都感覺自己分得少，就合起夥來跟豹子唱對台戲。

豹子很是頭疼，向獅子辭職。

獅子說，我來幫你解決這個問題吧！

第一天，獅子把肉分成了十一份，大小不一，自己挑了最大的一份，然後對十隻狼說：「你們自己討論這些肉怎麼分？」為了爭到大一點的肉，狼群沸騰了，牠們互相攻擊，全然不顧自己，連平均的那點肉都沒拿到。

豹子問獅子這是什麼辦法？獅子微微一笑，聽說過人類的績效工資嗎？

第二天，獅子依然把肉分成十一份，自己卻挑走了兩份，十隻狼看了看九塊肉，立刻搶奪起來，直到最後一隻弱小的狼倒在地上奄奄一息為止。

豹子再次向獅子請教，獅子說，這就是末位淘汰法。

第三天，獅子把肉分成兩份，自己挑一份，群狼爭奪另一份。

最後，一隻最強壯的狼打敗所有狼，獨自享用戰利品。牠吃飽以後才允許其他狼來吃殘羹冷炙。就這樣，這些狼都成了牠的小弟，恭敬地服從牠的管理。

豹子欽佩地看著獅子，獅子說，這就是競爭後的就職。

最後一天，獅子把肉全占了，讓狼去吃草。

因為之前的內訌，狼群已無力再戰，只好逆來順受。

這下還沒等豹子請教，獅子就驕傲地傳授起自己的「領導藝術」，聽說過和諧社會嗎？

這就是講故事的好處，可化繁為簡，化晦澀為生動，再複雜高深的理論知識，一旦用故事的形式表現出來，就會取得事半功倍的效果。

我常常在工作之餘，翻閱書刊雜誌，深感時時處處皆學問。尤其是在閱讀一些小故事的時候，不僅增長了知識，還觸動了心靈。而本書中一個個關於如何學習領導的小故事，好比是一顆顆珍珠，折射著各自的智慧之光。這些小故事裡的領導學，主要是指故事中體現出來的、符合現代領導科學、管理科學理念的思想、原則和方法。

在知識經濟席捲全球的今天，要當貨真價實的領導者，還非得讀此書不可。

時值本書再版之際，千萬別再錯過！

推薦序

誠意推薦本書的三個理由

太平舟國際企業總經理

林新富

四十年前，美國南加州大學教授本尼斯的一句名言「管理有餘，領導不足」，拉開了「領導力」時代的序幕。

從那以後，談論領導者和領導力的書，便成為出版商挖掘不盡的「金礦」，也成為了管理者書架上的「常客」。

但是對於讀者而言，讀一本新書的風險其實蠻高的。當你花掉來之不易且原本就很少的閒暇時間去閱讀一本期望值很高的書，最終卻一無所獲，相信你會得出以下結論：開卷並不總是有益！

為了避免讀者再一次閱讀失敗，我誠意向各位推薦《讀故事，學領導——領導紅皮書》這本暢銷讀物。

在商業管理類書籍氾濫的今天，我推薦這本書的理由有三：

第一，本書作者不僅僅是一位管理學上的理論家，更是一位領導的實踐者。按照管理學大師彼得．杜拉克的說法，管理就是一種實踐。因此，對於管理者如何提高領導力這個話題，竊以為那些真正的企業管理者，比只在象牙塔裡做研究的教授更有發言權。本書的作者呂勇逵畢業於上海交通大學高級管理人員工商管理碩士班；曾任世界台商總會理事，馬來西亞台商協會監事長，現任上海慧高公司董事長；一九九一年遠赴大陸，創辦生產工廠至今。他在本書中提供了豐富的案例和自己在多家大型公司擔任高層領導者的心得，用優美流暢的文筆，將這些常識進行有機的組織，為領導者提供應對危機時的基本原則和指導思想。更難得的是，他對西方的管理理論和大型跨國公司的領導模式也有深刻的體察，我相信他的這些經驗，對於處於轉型經濟中的中國企業和企業管理者彌足珍貴。

作為一家公司的總經理，我有著多年的團隊管理經驗，自認為「領導有方」。可是當我翻開本書時，依舊覺得獲益匪淺。毫不誇張地說，這是一本讓領導者心甘情願被「領導」的書。

第二，本書不僅揭示了領導力萬變不離其宗的準則，還與時俱進地提出打造領導力的新觀點。

《讀故事，學領導——領導紅皮書》，打破了舊有模式——它闡釋了任何領導者都必備的關鍵領導技術，旨在讓你重溫你可能已經很熟悉、但在充滿矛盾和變革的今天，依然具經典性、先鋒性的領導理念和技能，諸如「終身學習」、冒險而不是迴避風險、情感型領導與榜樣型領導等等。書中沒有那些華麗的噱頭，更沒有提供任何既定的妙方或者萬能藥，只是老老實實地提供給讀者，經過成功管理者實踐、證實的經典領導藝術和技巧。

二十一世紀的新經濟時代，全球經濟格局、經濟增長模式、人才標準、領導者角色和工作內容，都在發生根本性的改變。本書構建的適應動態商業環境的領導力發展體系，也是極具前瞻性和指導性。

第三，本書具有鮮明的個性，完全不是那種四平八穩的管理書籍，而是通過講故事的形式，來解釋複雜高深的領導學理論。

人類是天生會講故事的動物，遙想遠古時代，我們的祖先，就常常圍坐在篝火邊悠然地講著故事。後來，這些故事被編進了日常生活的織錦掛毯的圖案裡，也彙集成了人類知識的第一部百科全書。

講故事就是最佳的溝通方式和說服方法，如果你講得生動有趣，讀者就會看得津津有味。

本書以故事為載體，來豐富作者想要表達的重點，形式耳目一新，閱讀效果奇佳。即便不談書中那些專業、實用的領導學理論，僅憑那些好看的故事，就會讓讀者覺得物超所值。

對於領導者而言，這本書既是好看的故事書，又是一本真正適合中國企業如何領導的戰略指南。出版僅僅一個月，又開始再版，充分體現了本書的價值。

我與作者一樣，對這本書寄予相當高的期望，希望它也能達到你的期望。

推薦序

提高財務領導力的最佳讀物

中央保險代理人公司董事長　葉碧玟

在我們的思維中，常常有個迷思，認為只要懂市場、懂客戶的需求，就可以建立一個企業，卻忽略了另外一個事實：你要把一個企業做大，就必須具備財務理念和財務思維。懂得市場在哪裡、懂得顧客需求，只是企業開拓的契機；不懂得財務，就沒有辦法把企業做大做強。

在美國，以前的財務工作者被稱作是「數豆子的人」，主要工作是獲取財務資料，確保資料的真實性、完整性和適時性，也就是我們通常所說的記帳、做報表。可是隨著市場競爭越來越激烈，由於財務危機使一些企業「做大不是做強，而是做大做垮了」。這是因為今天企業的競爭環境越來越惡劣，領導者缺乏與時俱進的財務理念審視，還像以往那樣單純地重視財務人員的業務能力，至於管理能力、領導力則放在後面。

在這個求新求變的大數據時代，讓很多財務工作者都感到萬分無奈的是：擁有良好的財務技能，不一定能更有益於公司財務業績的改進；掌握金融、財務會計乃至經濟的知識，不一定能有助於整個公司價值的提昇。

那麼，到底什麼才是財務工作者真正的能力和價值的體現？

毫無疑問，那就是「財務領導力」！

財務領導力是一個近年來才出現的新名詞，它是世界上獨一無二的領導力模型，也是全世界唯一和企業財務表現直接掛鉤的領導者行為模式。

領導力通常是指獲得追隨者認同與忠誠的能力，從這個角度來講，財務領導力也是如此。然而，作為一種特殊的領導力，財務領導力最大的特點，就是領導者必須具有實現財務業績最大化的能力。之前，所說的記帳和做報表，只是財務最低端的功能；而講到領導力，則已經到了一定的高度。

舉個簡單的例子，當你年薪三萬美元時，只是個會計；當你年薪三十萬美元時，是個財務經理；當你年薪三百萬美元時，就成了大公司的CFO（財務長），雖然都是財務，但做的事情是不一樣的。

而作為一個擁有領導力的CFO，所關注的是公司戰略層面的問題，包括企業績效管理、內控和風險管理、併購與重組、投融資管理等。會從公司全盤和長遠的角度出發；從大處著眼，細處著手，組織好公司的會計核算和財務管理工作，使公司增值。當企業需要融資的時候，你知道該怎麼辦，是抵押、借貸還是上市？並且在企業發展的不同時期，第一時間就能找到適合現階段發展的財務模式，使各項財務指標有利信貸機構的資信考評，使潛在的出資人對公司投資回報有良好預期。

可見，這種領導力不光是帶團隊，更重要的是把公司帶到一個更高的層次。

如果你想打造自己的財務領導力，我向大家推薦樂果文化事業有限公司出版的《讀故事，學領導——領導紅皮書》這本著作。

此書通過一個個寓意深遠的微型故事，來解讀其中蘊含的領導哲理和智慧。掌握此書精要，那些超凡的經營理念與領導藝術都會盡收其中。對於財務工作者來說，它還可以對其領導力的「不足」進行「修復」，填補他們在這一領域中知識與經驗的空白。

在這個人才競爭激烈的年代，財務經理人被炒魷魚一樣變得容易，謀職一樣變得困難，要想在職場上保持常青，財務工作者必須在實踐中深入、細緻地探索和積累，汲取新的成長養分，提高自己的財務領導力。

朱熹有詩言：「問渠哪得清如許，為有源頭活水來。」看似深邃的「領導學」，其實就源於《讀故事，學領導——領導紅皮書》這本再版暢銷書中的樸素的點滴領悟。

目　錄

目錄 CONTENTS

CHAPTER 1 學領導，總統們這樣做！

經營人心，是領導者的必修課。
進入民主時代，領導人們如何贏得人心，自然更加要在人格和行為上有令人服眾的行為了。學領導，就從領導人們的小故事做看起。

CONTENTS
目錄

CHAPTER 2

領導者必備的素質

一個人的號召力的形成，自然離不開人格魅力培養，同時又有極強的組織能力，能夠很快地將群體組織在一起，很好地調度指揮群體完成既定的任務。

CHAPTER 3

領導就是攻心為上

一個人的演講可以調動數百萬人，花費四百萬美元來觀看，可以讓容納上萬人的會場座無虛席，令人不可思議的完成了一個艱難的變革演講，從而以一個風雲人物的姿態受到了全美的追捧和愛戴。

要記住，最有力量的控制是攻心為上。

CHAPTER 4

領導者不可忽視的職場王道

一個具有領導力的領導者，首先應該具有鼓舞和激勵團隊的能力。即便是面對複雜的外部環境和激烈的競爭時，也能適應變化，讓團隊保持良性發展。

CHAPTER 5

步步驚心的領導思想

處於權力頂峰，猶如高空走鋼絲，稍有不慎就會摔得粉身碎骨。為此，領導者要步步小心，每走一步，都要看好後路。只有狡兔三窟，才會有重新上路的機會。

CHAPTER 6

站在權力之巔看天下

擁有領導的地位之後，該如何帶領群體走向成功之際？
擁有領導的權力之後，該如何面對時時刻刻的局勢變動？
站在權力之巔，你需要有更多的思考。

CHAPTER 1

學領導，總統們這樣做！

經營人心，是領導者的必修課。

自古各朝各代皇帝都會以君權神授的觀念來對百姓洗腦，以專制的方式取得政權。然而進入民主時代，領導人們如何贏得人心，自然更加要在人格和行為上有令人服眾的行為了。

學領導，就從領導人們的小故事看起。

1 羅斯福的家教——把品德放在領導力的第一位

羅斯福是美國歷史上最有影響的總統之一，同時又是一位集嚴厲與慈愛於一身的父親。他不僅治國有方，在對子女的教育上也有自己獨特的方式。他要求子女在人格上一定要獨立，完全脫離家族的庇護，不會因為自己身份而產生任何依賴的心理。為此，他在各個方面都盡量培養子女的自主能力，以便更能適應社會的需要。

一次，讀大學的兒子跟朋友們結伴去旅行，到了歐洲，兒子突發奇想從當地人手中買了一匹馬。這是一匹好馬，兒子打算將來騎馬旅行，同時順便為商家做廣告，他認為這個決定會賺到一筆可觀的廣告費。但是當他買完馬之後，便身無分文了，就發了一封電報回家，告訴父親自己的這個賺錢主意，然後借機向父親再要一些路費。

羅斯福並沒有答應兒子的要求，在回信中他說道：「首先我要恭喜你，這個想法很不錯，你已經學會賺錢了。不過我要提醒你，生意場上不是一帆風順的，如果失敗，你唯一的辦法就是帶著你的馬從大海上游回來。」

信中隻字未提路費的事情，兒子明白父親的用心，便賣掉馬，隨朋友一起回來了。

羅斯福之所以不給兒子錢，是不想讓他養成有困難就向家裡伸手的習慣，凡事要獨立解決。

二戰爆發後，羅斯福鼓勵兒子參戰，他告訴兒子：「你是一個美國人，一個有良心的人應該把國家的利益放在首位，記住我的話，為國家而戰！」

在兒子眼裡，父親是無所不能，是勇敢與智慧的化身。在激烈的戰鬥中，兒子幾次向父親詢問作戰方案，羅斯福告訴他：「你一定要養成獨立思考的習慣，特別是在戰場上。除此之外，你要知道……我是不會給你什麼建議的。」

領導力是對被領導者所施予的一種作用力，它必須建立在被領導者的認可和接受的基礎上。水能載舟亦能覆舟，就是這個道理。

所以，領導力既是一種說服力又是一種感召力。

只有好的品德才具有說服力和感召力，才能服眾，讓人們接受其領導。

那麼，好的品德為什麼能有說服力和感召力呢？

品德就是人們的道德品質，也是個人在道德上的實踐，因為人們被期待按照一定的社會規範採取行動，表現出具有相對穩定性的行為。以做為處理人與人、人與社會關係時採用的原則和標準。

領導力既然是一種人與人之間的關係力，領導者所依據處理人際關係的行為準則，自然就會成為人們是否選擇他作為領導者，是否接受他施予的領導標準。

正所謂厚德載物，品德好的領導者會以群體利益為出發點，充滿愛心，時刻以集體利益為重，為他人著想，扶弱濟貧，懲惡揚善，是群體利益與他人利益的維護者和支持者，理所當然就會得到人們的信任。

所以，領導力的培養，首先要從自己的道德品質修養開始，只有先成為品行出眾、受人尊敬愛戴的人，才具有成為領導者的基本條件。

2 前任總統的錦囊妙計——沒想到會在這裡轉彎

法國新聞界曾透露過這樣一則消息，上世紀八十年代初，正值美國總統換居之際。當選總統雷根在與前任總統卡特交接時，卡特遞給他三封標有序號的信件，並再三告誡雷根只有在執政期間遇到危難之時，方可按順序拆開信件，平時千萬別輕易拆閱。當時，雷根正春風得意，躊躇滿志，對卡特的鄭重囑咐頗不以為然。

兩年後，美國局勢出現動盪，經濟方面也每況愈下。雷根為了穩定形勢，多方尋求對策，此時他忽然想到前任總統的信件，也許能從中得到幫助。

他拆開序號為一的信件，信紙寫道：「請你罵我吧。」

雷根看後心領神會，想到自己以當過演員的潛質，得以在各種場合發表煽動人心的演說。他在演講中表示，美國之所以陷入今天的低谷，完全歸咎於前任的執政不利，制定政策的失誤，於是嚴厲地責罵前任的愚鈍和無能。他讓公眾們相信：現任的他有能力、有信心力挽狂瀾，改變現狀。他的演講安定了人心，也提高了自己的聲望，之後國內的經濟形勢逐漸走出低潮，不斷向上攀升。

又過了兩年，正是雷根執政的關鍵時期，美國又遇到了巨大的財政赤字，為此國會議員們大為不滿，紛紛對現政府發出責難。國人對雷根的執政能力也表示了懷疑，使雷根又一次處於被動受困之中。

這次他果斷地拆開序號為二的信件，信紙又是五個字：「去罵國會吧。」

時間到了雷根連任總統的第二年，權力和誘惑使雷根利令智昏，他慫恿一些人傾銷先進武器，並將所得全額經費用以支持尼加拉瓜的反動勢力，事件的惡劣影響，遭到國內的抨擊，雷根也就此陷入不堪的境地。

這時他迫不及待地想從最後一封信中獲取指點迷津的妙方，可是拆開一看，便愕然了。信紙上是十個字：「為下任總統準備三封信。」

思想的獨特性並非說到就能做到，要經過長期的實踐經驗積累，和文化知識學習，還要動腦筋，善於思考，日積月累，改革創新，才能不斷打開新思路，想出新辦法。

領導者的決斷能力，解決問題的能力是領導力的主要構成因素，而正確的決斷，是做一個領導者的基礎。領導者做出一個決斷，不能僅憑感覺，要全面掌握各種資訊，綜合分析各種因素，還要具備敏銳的洞察力和把握全局能力，以及科學的處事理念，只有如此，才能使決斷科學正確，解決關鍵問題。

領導者的決斷，一般包括策略、人事和危機三個方面，其中最能考驗領導者群眾基礎的，是危機決斷力。此刻的決斷，可能會影響到群體的未來走向，如果是個企業經營者，危機決斷就有可能影響到企業的前途和發展，甚至會改變企業的經營方向。

領導者的決斷力，實際上是決斷了一件事情的完成度和完整度，看似決斷在某一個點上，但這個點絕對不是孤立存在的，有可能會改變整件事情，或改變整個系統的格局和關係。所以作為一個領導者，關鍵時刻做出決斷，一定要有全盤思考念，要瞻前顧後，既考慮眼前，還要考慮將來，要快速對目前的情況做出清晰的判斷，在解決現實問題和長久利益上找到結合點和平衡點，不能顧此失彼。

一個企業的領導者，決斷更應該慎重，除了具備一般決斷的能力外，還要有先進的管理理念，靈敏的市場嗅覺，詳細的量比分析，以及風險意識和策略意識。只有如此，關鍵時刻的決斷才能不僅解決一時之困，還能為企業長久發展帶來契機。

3 總統不是兒戲——只有對手才能成全你

二〇〇七年法國大選塵埃落定，五十二歲的尼古拉‧薩庫茲以百分之五十三的優勢成功擊敗賀雅爾，當選為新一屆法蘭西第五共和國第六任總統，多數選民在讚歎他雷厲風行的作風時，卻很少有人想到他的成功恰恰是源於適度的沉默。

大選在即，在選舉前期舉行的民意調查中，薩庫茲與競爭對手賀雅爾的支持率不相上下，最後雙雙進入電視辯論會。薩庫茲，這個不屈不撓的小個子，在得知已獲近半數選民的支持以後，在辯論會上，卻呈現出一再的退避與緘默。

在以往的演說中，薩庫茲所能表現出的是一種非我莫屬的霸氣，當時他擔任內政部長，對如何改善當時的經濟矛盾、增加就業機會、外交政策，以及軍事和移民等幾個民眾普遍關心的方面都提出了具體可行的措施，大大提高了選民的支持率。

接下來的電視辯論會上，所有的人都期待著薩庫茲最精彩的演講，連他的對手賀雅爾也全神貫注地注視著薩庫茲的一舉一動，而此時的薩庫茲並沒有像大家所期待的那樣，咄咄逼人地發表演講。相反的卻選擇退避，看似把所有的機會都讓給了競爭對手。賀雅爾當然抓住這個機會拼命地為自己辯論爭取更多的選票。在賀雅爾陳述一些改革提案的時候，薩庫茲時不時拋出一、兩句質疑，適時地打斷賀雅爾的思緒，看上去甚至有些搗亂。賀雅爾的演講有些惱怒，開始趨向情緒化，這時薩庫茲不失時機地說：「作為一個國家領導人，能夠適當把握和控制自己的情緒是最基本的素質，否則怎麼能讓人放心呢？」

「你這是詆毀，我生氣正說明我主持正義，面對你這樣打著正義旗號的偽君子，我有權利說不，因為我眼中不揉一粒沙子。」

「說我是偽君子？你有什麼證據嗎？我只是提了幾個大家關心的小問題，你何必對我進行人身攻擊？還發這麼大的火？」

與賀雅爾的表現形成鮮明對比的是薩庫茲的表情，他此時像一個紳士一樣，微笑著觀察情緒有些失控的對手，他說：「女士，總統不是兒戲，可是要承擔很嚴肅的責任，如果連自己的情緒都控制不了，又何以擔此重任呢？」

一些支持賀雅爾的選民立場開始有些動搖，他們看到了一向溫文爾雅的賀雅爾暴躁的一面，同時由於賀雅爾情緒失控，在與薩庫茲爭辯的二十個問題上，竟有十六個被駁回，這就導致了失敗的結局。

最後薩庫茲以絕對優勢成功當選總統，入主艾麗榭宮。

對於一個真正的領導者來說，對手就是一面活生生的鏡子，能時刻照出自己的優缺點，時刻提醒自己，保持高度的警惕。

領導者要想時刻對手保持優勢，壓制對手，首先要充份認識對手，要摸清對手各個時期的目標和戰略意圖，摸清對手的政治和經濟實力，以及真實的底細。同時還要摸清對手的人才狀況、技術實力，以及對手的管理方式和領導者風格特點，還有成長背景。只有掌握對手的各方面情況並加分析，才能做到知己知彼，百戰不殆。

與競爭對手周旋，要講究策略方法，要根據自己的實際和經驗，分析對手的優勢和弱點，有的放矢，制定一套切實可行的戰略戰術。要從進攻和防守兩端對彼此競爭力進行詳細分析，採取不同的攻守方法，做到進可攻，退可守。競爭對手的存在，既是威脅又是機遇，既競爭又合作，這種合作可能不是直接的，而是一種默契的配合，是互相借勢，在彼此的壯大中競爭，既互相利用又互相打壓。

一個領導者會遇到來自各方面的競爭對手，所以在與對手的競爭中，要分清主次，不同階段要採取不同的策略，有些對手要豢養，但養虎不能為患，什麼時候要借助老虎的力量，什麼時候要消滅它，完全要根據自己的戰略需要。有些對手要在萌芽狀態之中消滅，因為有些對手一旦成長起來就會無法控制和駕馭。

要想把對手始終控制在自己的勢力範圍內，成為自己獲得民心、激發群體鬥志和團結的力量，鞏固領導地位的標靶，就要時刻瞄準靶心，在最佳時機消滅對手，提升自己的地位。

4 迎著太陽去上學——出乎意料處收網

「總統你好，我是一個中學生，每日天不亮就要到學校上學，等太陽出來時，我已經開始上課了。我真希望時間能夠慢一些，等太陽出來我就能夠迎著太陽去上學，這是我最大的夢想了，你可以幫助我實現嗎？」

這是一個中學生寫的信，就擺在委內瑞拉前總統查維茲的辦公桌上，雖然只是短短的幾句話，卻深深觸動了總統的心，僅僅是想看到太陽，在這個孩子心裡，卻是一個遙不可及的夢想。是不是每個學生都有這樣的願望呢？學生的生活到底是怎麼樣的呢？帶著這個疑問，總統親自安排了一個工作小組，針對中學生的作息進行了一次全面的調查，結果發現，由於委內瑞拉有著很嚴格的作息時間，多數的學生都要早早起床，特別是路遠的一些學生，更需要天不亮就趕往學校，不僅如此，他們每天都睡眼惺忪地上學，對身體和心理也是極不健康的。

瞭解到這一情況以後，在二〇〇七年九月，查維茲總統做出了一個大膽的決定，更改時區，把本國的時間調慢了三十分鐘。

查維茲的決定引來了全體民眾巨大的爭論，他們說總統瘋了，還有的說總統竟然拿這種事情開玩笑，甚至有人說總統童心未泯，想趁此機會來個時空大挪移，總之評論褒貶不一。許多部門為了適應新的時間，不得不重新調整工作安排，包括金融業、銀行和證券公司，所有的軟體程式都需要重新編排。原來所謂的黃金時間如今都已經毫無意義，特別是商場超市，因為延遲三十分鐘開門，營業額出現下滑。

絕大多數人都不明白總統的這個做法，但是卻有一部分人興高采烈，那就是學校的學生們，有了這三十分鐘，他們終於能夠多睡一會兒覺了。

誰也沒有料到總統的決定竟然是緣於一個中學生的一封信，在一次公開的電視採訪中，他說：「我知道這個決定會給大家帶來諸多不便，但是僅僅是三十分鐘，就能夠讓孩子們多睡一會兒，在天亮以後起床，迎著太陽去上學了，這難道不值得嗎？」

領導者為什麼要採取異於常人、出乎意料的決策？這是因為以正常方式思考出的對策，人們能預料得到，自然就能採取相與之對應的應對措施，這樣就不利於問題的解決，妨礙領導者樹立威信，實施領導權。

領導者的決策能力，不僅來自長期的經驗累積，還取決於自身知識能力修養。始終保持與其他人不同的立場，換個角度看問題，綜合各種因素，多方權衡利弊，領導者的決策才能抓住要害，用看似不合常規，其實非常有效的方法，解決常人無法解決的問題。

卡特二十四歲時，就成為一名年輕的海軍軍官。有一次，海曼・李特弗將軍特意召見了他。召見時，將軍和他進行了輕鬆的會談，並讓他挑選任何喜歡談論的題目隨便聊聊。

當他盡情發揮高談闊論時，將軍總會有意無意向他提一些問題，結果他常常被這些看似無意的問題難住，一時不知如何作答，額頭直冒冷汗。這時他開始明白，自認為已經懂得很多東西，沒有難得住自己的問題，其實還差得很遠，還有很多知識是自己不知道的，學無止境，永遠不能自滿。

談話臨近結束，將軍充滿關切地詢問他在海軍學校學習成績如何，他立刻驕傲地回答：「報告將軍，在一個班八百二十人中，我的成績名列第五十九名。」將軍沒有驚喜，而是皺了皺眉說，「你盡全力了嗎？」「沒有。」他坦率又帶一絲自豪地回答，「我並不總是竭盡全力的。」「為什麼不竭盡全力呢？」將軍提高了聲音，大聲地質問他，並圓睜雙眼瞪了他許久。

將軍的話如當頭棒喝，讓年輕的卡特立即驚醒起來，並影響了他的一生。此後，無論做什麼事情，他都要竭盡全力，終於使自己成為美國總統，實現了自己的人生目標。

領導者要具備異於常人的思想能力，首先要視野開闊，要有大格局，從大處著眼，對來自各方的因素影響有充分的認識，從一切為整體為大局出發，考慮問題，對各種可能出現的問題有充分的估計。

其次要進行長期處理問題能力訓練，要勤於學習，廣博的知識是一切方法的基礎，要善於總結經驗教訓，不管是前人的、他人的，還是自己親身經歷的經驗教訓，都要深入總結，揭示出最關鍵和最核心的本質問題。牢記在心，舉一反三，在遇到問題時就能靈活機動，想出更多的解決辦法來。

領導者的超常思想，對群體成員往往會產生重要的影響，形成對領導者依賴性，進而產生對領導者認可和服從意識。每遇關鍵問題，就會聽從領導者的安排，服從領導者的分配，提高領導者的地位和威望。

5 總統先生代筆——恩德也是領導力

林肯在醫院看到一位情緒極其低落的士兵，於是，他上前詢問對方需不需要幫助。年輕的士兵連頭都沒抬，有氣無力地說道：「你能代替我寫封信給媽媽嗎？」林肯很爽快答應了。他掏出紙和筆對著士兵說道：「可以開始了，先生。」

「親愛的媽媽，請原諒孩兒不能陪在你身邊，當我離去時，請不要為我悲傷。我接受上帝的傳召回歸天國，我會在天上祝福你們。請代我親吻最親愛的瑪麗和約翰，上帝保佑你們，我最親愛的媽媽。」話音未落，年輕的士兵抬起頭來，看了一下代筆人，說：「謝謝你，我的朋友。」

年輕的士兵要求看一下信，當他看到信件末尾「亞伯拉罕·林肯代筆。」這段話時，突然驚呆了，他問：「你是林肯總統嗎？」

「是的，我的朋友，你還需要什麼幫助？」林肯對士兵回以微笑。

「你能握一下我的手嗎？」年輕的士兵請求道。

林肯握起年輕士兵的手，說：「朋友，你還年輕，未來的路還長，不用這樣自怨自艾。」

領導教戰指南

恩德就是號召力，就是動員令，也是一種領導力。感動下屬，是每個領導者追求的領導藝術，常常令下屬感激涕零，群情激奮，一呼百應，是多少金錢也買不來的力量。

恩德就是威信，不能恩德與人的領導者，是無法樹立自己的威信的，沒有威信，要想讓下屬和群體成員服從領導，主動接受自己的管理措施，當然就比較困難。威信的巨大力量在於對人們的影響，贏得人們尊重，令人不自覺地信任、追隨，甘願付出一切。

領導者的恩德是表現在多方面的，並非僅僅施捨金錢就能得到。守信、坦誠、信任、關懷、體貼、呵護、幫助、原諒、感恩、願景、社會責任、濟貧扶困等等，都是一種恩德和品格的魅力。恩德就像春雨，潛移默化，潤物細無聲，要日積月累，而非臨時抱佛腳，而一蹴而就。

那麼，領導者如何施以恩德呢？

第一，要關心下屬。這種關心既是思想上的，也要包括生活情感方面的，尤其是群體成員遇到困難時，領導者雪中送炭的關懷，不僅會令被關懷者感激非常，還會起到強大的播散效應，贏得多數成員的尊重和敬佩。

第二，要以身作則，領先表率。面對困難，領導者要挺身而出，勇於承擔責任，用實際行動感召群體成員，給群體成員以信心、勇氣和巨大的力量，帶領他們勇往直前，實現發展目標，把群體帶到一個新的美好未來之中。

第三，要有一顆感恩的心。要真誠地感謝群體所有的成員，無論是支持自己還是反對過自己的人，正是這些群體成員的大力支持和辛苦努力，才成就了領導者的事業。

恩威並重，以恩感人，以德服人，是領導者順暢地行使自己的領導權的基礎，沒有恩德，就沒有領導者的威信和地位。

6 普京送煎餅——放下的不只是身段

在俄羅斯有一個得了白血病的男孩，在當地治療了幾年，也沒有好轉，於是，醫生建議去莫斯科治療，那裡有最好的治療技術。可是小男孩不願意去那麼遠的地方，為此小男孩的父母非常憂愁，不知道如何勸他去莫斯科接受治療。一位照顧小男孩的護士聽到這個消息後便說：「如果你去莫斯科的話，你就會吃到普京總統帶給你的煎餅。」

天真的孩子對煎餅非常鍾愛，於是他聽從大人們的安排，去莫斯科治療。在莫斯科，小男孩給普京總統寫了封信，說自己得了很嚴重的病，在家人和醫生的勸說下才來到莫斯科接受治療，「因為醫生說過，如果我來到莫斯科的話你會請我吃最愛的煎餅。」

令人驚訝的是，普京總統給小男孩回了封明信片，上面寫著一句話：「我們回頭見！」沒幾天，小男孩的病房迎來了一位陌生的客人，他提著一箱煎餅，走向小男孩，小男孩的母親認出了他正是國家總統弗拉基米爾·普京。

領導教戰指南

領導者與下屬之間的關係是微妙和複雜的，領導者以什麼心對待下層，就會得到他們什麼樣的回報。放心身段，深入群體成員當中，首先要有良好心態，要尊重對方，尊重對方的人格，尊重對方的付出，要面帶微笑而不盛氣凌人，要注意自己的言行，不做出歧視對方，嘲笑侮辱對方的言行舉止。

作為領導者，不僅要經常思考對方在自己心中的地位，還要經常思考自己在對方心目中的地位，推己及人，將心比心，才能把握對方的心態，才能滿足對方的需求，贏得對方的尊重和愛戴。

如果領導人能放下自己的身段，就是放下了架子，放下了高高在上脫離群體的心態。領導者放下身段，深入到群體當中去，與群體成員打成一片，是獲得群體成員信任和支持的重要心理保證和行動基礎

引導下屬和群體成員開心快樂的工作，做自己應該做的事，甚至快樂地做自己不喜歡的事情，是領導者的領導藝術，也是領導方式的重要補充。

領導者願意偶爾放下身段，可以展現不同的一面。不僅要表現出同情心，更要嚴於

律己，寬以待人，用積極的態度去影響他們，並給與改正錯誤的機會。

領導者以協調取代責罵解決問題、以一對一交流替代下命令來督導、並適時提出建議意見、激勵鼓舞士氣、營造輕鬆氣氛等方法，團體成員就能夠在一個寬鬆愉悅的環境裡，調整出最佳的心理狀態，引發出積極、自覺地接受領導者的領導和安排，努力完成自己的任務。

7 曼德拉最尊敬的三個人——修一條不為人知的後路

南非民主鬥士曼德拉，因為領導反對白人種族隔離政策而被捕入獄，被殘暴的白人統治者關在荒涼的羅本島上二十七年。

離開監獄以後，他很快被推舉為總統，在就職儀式上，他除了向眾人介紹那些來自世界各國的政治人士和重要朋友以外，還特意向他們介紹了另外三位到場人員。他們雖然坐在人群裡，但是曼德拉一眼就認出來了，他向那三個人揮手致意：「請你們三位都站起來好嗎？以便讓我可以隆重地介紹你們。」

隨後這三個人便站起來了，曼德拉說：「大家知道我曾經反對白人統治而被捕入獄，他們把我隔離在開普敦外的一個小島上二十七年，這個島上怪石嶙峋，荊棘密佈，到處是蟒蛇與吸血蟲。我們許多人被關在一個鐵皮屋裡，二十七年中，我沒有睡過一個安穩覺，早晨跟所有被抓的犯人一起帶著鐐銬去幹活，有時候是去挖掘石灰石，有時候是到冰冷的海水裡撈取海帶。因為我特殊的身份，他們專門安排三個人來看押我，而他們三個人現在就站在你們面前，今天很高興他們也能來參加我的就職儀式。」

曼德拉接下來的舉動讓全場所有的人都震驚了，他恭恭敬敬向那三個人致敬。

接下來的話讓整個會場立刻變得非常安靜，安靜得彷彿全世界都在傾聽曼德拉的講話，他說：「我本身是一個脾氣暴躁的人，但是在羅本島上的二十七年裡，我學會了克制自己，因為我要活下來。島上生活的二十七年裡，既是我一生中最苦難的歲月，也是我一生中最寶貴的歲月。我每天都在承受著來自心理與身體的雙重折磨，我在這虐待和折磨中學會了堅強和忍耐，也學會了感恩與寬容。今天站在你們面前的曼德拉早已是經過千錘百煉的。當我脫下鐐銬走出監獄大門，看到第一縷自由的陽光時，我知道我已經重新站了起來，已經脫胎換骨了。」

領導教戰指南

功成名就之時，也是騎虎難下之日，領導者高高在上，往往會高處不勝寒，位高則權重，自然也會有來自各方面的壓力和挑戰，來自各方面的敵人對權力窺覬和爭奪。如果領導者不早做準備，為自己留出一條退路，那麼結局可能會很糟糕。修好了後路，領導者在權力達到巔峰時，做事就會有所節制，不會鋒芒畢露，急躁冒進，鋌而走險，雖顯保守，但更穩妥。

處於權力頂峰，領導者如同走鋼絲，稍有不慎就會掉進萬丈深淵。為此，領導者要步步小心，每走一步，都要看好後路。沒有後路的路就是死路，因為到權力頂峰，不會再給自己重新上路的機會了。

那麼，領導者有哪些後路可留呢？

第一，不可樹敵太多，要原諒反對過自己的人，包括敵人，要饒恕一切可以饒恕的罪惡。

第二，不做風險太大的事情，哪怕這事情效益巨大、好處很多。

第三，不飛揚跋扈，苛刻待人，要生活內斂，簡單樸素。

第四，要關心下屬及群體成員疾苦，為他們排憂解難，和諧相處。

第五，要明修棧道暗度陳倉，暗暗培植自己的秘密勢力，關鍵時刻，以維護自己安全。

第六，內緊外鬆，麻痹對手，盯緊對手，時刻保持警惕。

第七，在時機成熟的時刻，穩妥地交出權力，讓出領導地位，安度晚年，快樂生活。

成者為王，敗者為寇，領導者想守住自己的領導地位，既取決於民心，也取決於自己的政治手腕和領導智慧。

所以說，作為領導者，既要贏得民心支持，還要自己獨特的領導方法，給自己留好退路，進退自如，才能得心應手，可攻可守，獲得一個圓滿的結局。

8 既然你能，那麼我也能——領導人的自控力

羅斯福在就任美國總統之前，曾擔任過海軍部長。有一次，他的一個好朋友來探望他，閒聊中，朋友說：「現在外界都紛紛傳言說，你們要在大西洋的一個小島籌建海軍基地，真有這個計畫嗎？」

在當時來說這件事是不可以隨便說的，無奈朋友當面質問，自己又不好反駁。

「首先，你告訴我，你是一個能夠保守秘密的人嗎？」

「當然是了。」朋友很痛快的回答說。

「既然你能，那麼我也能。」說完，二人會心的笑了。

羅斯福是美國歷史上唯一連任四屆的總統，智慧、幹練、樂觀向上、胸懷寬廣，是羅斯福最顯著的特點。一九二一年八月，羅斯福帶全家在坎波貝洛島休假的時候，不幸在島上遭遇了一場火災，情急之下，他縱身跳入了大海，從此落下了脊髓灰質炎。這是一個很可怕的頑症，伴隨著持續的高燒、疼痛，繼而就是終身殘疾，可是羅斯福並沒有被這些所嚇倒，他

相信只要堅持不懈地努力鍛鍊，身體肯定會康復的，最令人難忘的是他在喬治亞溫泉療養的那些日子，因為他的存在，喬治亞溫泉被稱為笑聲震天的地方。

在他當上美國總統以後，一次，有人到白宮拜訪他，談話中他的小女兒一直在進進出出，並且問東問西，隨意打擾著他們的談話。來訪者有些不快，問羅斯福：「你怎麼不管管你的女兒呢？不會連個孩子也管不了吧。」

「如果你同時做兩件事，那麼你兩件事都做不好，所以我只選其一，要麼當總統，要麼管女兒，我現在已經當總統了，對女兒也就無能為力了。」

到了一九四四年，羅斯福已經連任了四屆總統，上任不久，美國一家權威報紙的一位記者採訪時問道：「總統先生，您已經是連任四屆總統了，請問你什麼感想嗎？」

羅斯福遞給記者一塊三明治，記者覺得這是自己的榮幸，很高興地吃下去了，接著羅斯福又遞給記者第二塊三明治，記者有些勉強，不過也吃了。羅斯福又遞給他第三、第四塊，這時記者已經不想再吃了，羅斯福微笑著說：「不用我回答，你也知道問題答案了吧，我們現在的感受是一樣的。」

領導教戰指南

自控能力包括忍耐力、克制力以及調節力。

領導者效能的發揮，會受到各種因素的影響和制約，在實施領導力的過程中，領導者要把工作行為、關係行為和被領導對象的成熟度一起考慮。領導力的使用範圍是一個綜合的大系統，任何變數都應該放在這個大系統中加以考察和控制。

領導系統是一個多層次多變數的系統，有些變數是外顯的，有些是內隱的，各種力量的綜合作用，促使領導力得以貫徹實施。系統中所有的變數都不是孤立存在的，各種變數之間存在各種形式和內容的聯繫，會相互影響，相互制約，相互作用，使得某些看似微小的因素發生變動，也都可能對整個領導系統產生引爆作用或加乘作用，導致結果呈現很大變化。

所以，領導者要有能促使領導體系產生驟變的秘密力量，這種力量是隱秘的，不可為人知的。它可能是關於領導者的神話和傳奇，可能是某項核心技術，可能是某個秘密人物，可能是某下屬的隱私，可能是某種神秘的資本來源等，總之，對領導者來說，就是能對自己的領導體系維護和鞏固的關鍵因素。

領導者要始終掌握這些關鍵因素，保持其隱蔽性和神秘性，把它深藏內心，放在領導體系中悄悄運用。

9 傻孩子只要五分錢——格局能有多大？

美國第九任總統威廉·哈里遜，小時候是人們公認的傻孩子。他的鄰居經常拿一枚五分錢的硬幣和一枚一角錢的硬幣放在他面前，告訴他只能拿其中一枚。天真的威廉·哈里遜經常拿最小的一枚——五分錢，所以他經常因為此事被鄰居和鄉親嘲諷。

有一天，一位婦女路過看到威廉·哈里遜被人圍觀，她好奇地上前去打聽發生了什麼事。當婦女得知威廉·哈里遜的『光榮』事蹟後，找了個機會，對著威廉·哈里遜問道：「孩子，你為什麼不拿一角錢的硬幣。」

威廉·哈里遜回答道：「夫人，如果我拿了一角錢的硬幣，他們就不會跟我玩這個遊戲了。」

領導者的大格局，對於群體來說，具有非常重要的意義和作用。

大格局就是領導者對全局整體形勢進行全面分析、觀察、把握的能力。

領導者有沒有大格局，直接關係到領導能力，關係到能否獲得被領導者的長期認可和服從。

領導者的大格局，既要立足於整體，又要關注局部，既要考慮個人，還要考慮群體。胸中自有丘壑，天下盡在掌握。

領導者如何才能擁有大格局呢？

俗話說，站得高才能看得遠，領導者首先要具備長遠的目光。只有目光遠大的人才會有開闊的視野，全局的觀念。

其次，領導者要有不斷學習的精神，把握事物發展的規律，時刻更新自己的觀念。

再者，領導者要善於觀察，全面瞭解事業相關的資訊，眼觀六路，耳聽八方，隨時隨地捕捉到有利的時機。

第四，領導者要有敏銳的判斷力，在紛擾的世事裡，看清矛盾的主次，分辨出問題的核心和關鍵。

最後，要廣泛聽取不同的意見，兼容並蓄，認清事物的利弊。做好以上幾點，領導者遇事自然就會有大格局，處理問題就能通盤考慮，全面衡量，綜合分析，準確決斷，而不會顧此失彼，因局部犧牲整體。

企業經營者的大格局不僅是市場觀還是社會觀，不僅要放眼市場，還要把企業放到整個社會的大環境中經營管理。

企業的一個小小的產品，就會牽一髮而動全身，牽扯到千家萬戶，甚至牽扯到整個社會的各方面，所以，要想做一個卓越的企業領導者，沒有大格局，沒有放眼世界的胸懷，是不能把企業做大做強的。因為企業不僅僅是買和賣的問題，還有道德義務和社會責任問題。

10 為這個麥克風付錢——舞動激情

「布林先生，我正為這個麥克風付錢。」

這是雷根在參加一九八〇年總統初次競選辯論會上的一句話，當時有人正想關掉他面前的麥克風。

「我們正在打造一個再度活躍、強大和生機勃勃的國家，但仍有許多高山需要攀登。我們不會止步，直到每個美國人都能享受完全的自由、尊嚴和機會……這些與生來俱就有的權利。我們生來就有權利成為這個偉大國家的公民。」

這是雷根在一九八五年一月廿一日第二次就職演說裡的一句話。

雷根的演說具有強大的說服力，被譽為最偉大的溝通者。他在踏入政界之前，做過很多職業，其中令民眾最為難忘的是他曾在一部電影中飾演過一個橄欖球員，名字叫做喬治·吉佩爾。這是一個當時在美國大學中很流行的體育項目，其激烈對抗和勇猛拼搏激勵著年輕人的鬥志。在影片裡，雷根所扮演的喬治·吉佩爾最後得了肺炎，最令人感動的是他在臨終前握緊了拳頭所說的的一句話：「為了吉佩爾，勇敢的贏一回。」

雷根在這部影片中，借助了橄欖球員這個角色，淋漓盡致地表現了自己敢於面對挑戰的本色，因而人們把雷根親切的叫做吉佩爾。在後來的演講中，雷根本人最能夠激起人們激情的話就是：「讓對手來認識一下我們是怎麼樣的選手吧！」或者是：「為了吉佩爾，勇敢地贏一回。」

每當雷根在激情演講中說出這句話時，那些支持者的腦海裡立刻就浮現出一個頑強的橄欖球員形象。雷根以此來鼓舞和振奮士氣，減少挫折感。

領導者固然要沉穩，沉著冷靜，不動聲色。但這並不是說領導者就不能有激情，激情對領導者來說，是領導力必不可少的要素。激情能為領導者帶來個人的魅力，也能激勵群體人員的活力。激情的妙處是能夠激發人的潛能，而領導者如何運用自己的激情，帶動群體成員的積極性和工作的熱情，不僅是一門領導藝術，還一種領導能力。

在現實生活工作當中，領導者在什麼時候展示激情？怎樣展示激情？展示哪方面的激情？展示到什麼程度？都是大有講究的。領導者激情表演要目的明確，與民同慶，與民同歡，與民同樂，要把握住時機和分寸，不能不分場合，不看情況，就亂舞動激情，因為群體不是時時刻刻都需要沉浸在群情激奮的狀態。

領導者的激情應該表現在工作的熱情和群體情緒低迷時，或者遇到重大事件需要動員的時候。激情與朝氣和活力總是分不開的，領導者的激情修煉，首要任務就是要保持自己的朝氣和活力，同時要加強學識修養，加強藝術氣質的培養，那樣表現出來的激情才有煽動力和感染力。

激情要發自肺腑，但要有所節制，不能變成發洩，不能粗俗和野蠻。領導者有激情，就會感染群體其他成員，用激情表現激發群體成員的潛能，爆發出巨大的能量，就會使整個群體的狀態躍升到更高層次，更好地實現群體的目標。

領導者的激情，目的是催化群體的激情，保持群體的活力。尤其是企業領導，更需要激情來保持企業的活力，因為企業生產經營的目的是為了賺取利潤，而與社會人群是一種互為滿足需求的關係，必須要長期持久地投入激情於其中，才能讓企業有足夠動力去滿足社會人群的需求，並贏得社會人群的信任。

CHAPTER 2
領導者必備的素質

一個人號召力的形成，自然離不開人格魅力培養，包括心胸開闊，寬容大度，堅持正義，無私無畏，勇敢正直，一身正氣……等品德特點。同時又有極強的組織能力，能夠很快地將群體組織在一起，精於調度指揮群體完成既定任務。

1 要成功，這樣想就對了——領導力的重要思想

一九六五年，英國的劍橋大學來了一位主修心理學的韓國學生。這位學生經常會利用下午茶的時間，到一些休閒場所去聆聽那些成功人士談天說地，以便從中尋找對自己更為有用的思想和理念。這些參與討論的成功人士包括了各個領域的學術權威、資深專家、最具實力和影響力的商界精英……以及大學教授等，他們用輕鬆調侃的語言風格講述自己的創業經歷，以及在創業的過程中如何提昇自我、完善自我，進而體驗激情，激發靈感。成功對他們來說即便不是易如反掌，起碼也是水到渠成。讓這位韓國學生最有感觸的就是：他們完全能夠自主地掌握命運。

這種創業風格很讓這位韓國學生癡迷，他發現這種創業的態度，跟自己在國內所受的那些教育截然相反。國內的成功人士經常誇大創業過程中的艱難，彷彿創業是一座高山峻嶺，沒有超乎尋常的毅力和頑強的耐力根本無法攀越。如此一來，最先擺在創業者面前的不是美景，而是壓力與困難，這種想法很容易讓一些人望之卻步，因此開始畏縮。

一九七〇年，這位韓國學生決定以此為選題寫一篇畢業論文，名字叫做《成功並非你想像的那麼難》，並把這篇畢業論文遞交給現代經濟心理學創始人威爾・布雷登教授過目。教授看過大為讚歎，因為這種固執而又守舊的觀念在東方國家普遍存在，他們認為要成功必先勞其筋骨，餓其體膚，做一些聞雞起舞之類的努力才有希望，其實不然。但是這種觀念沿用至今，並沒有人否認過。感歎之餘，他給曾是自己的校友、時任韓國總統的朴正熙寫了一封信，信中他介紹了這篇論文重點，並在結尾處這樣寫道：「或許這篇文章對你本身起不到多大的作用，但是它的思想將會為整個國家的興旺與發展帶來巨大的影響。」

幾年以後，這位韓國學生也獲得了成功，成為韓國某汽車公司的總裁。

領導教戰指南

領導能力大小，自然與人的思想能力有關。

思想是人們對客觀事物反映和認知的一種能力。思想力包括對思想命令的執行、思想意向的實現、思想方案的實施等各種能力的綜合表現。是按照思想意識的指揮，透過對客觀事物觀察所獲得的知識經驗，再進行綜合處理，將人們的預定目標、意向和方案進行方法選擇和命令實施。目的是為了改造事物，調整環境，解決人們遇到生存矛盾和各種工作問題，既是一種思考力，也是一種判斷力和實施力。

正是思想的這些特點和作用，決定了一個領導者必須具有超強的思想能力。有了獨特的思想，才能在群體遇到困難和問題時候，改變人們的觀念，想出解決問題克服困難的思路和辦法，制定出切實可行的方案。同時說服人們相信自己的決策，接受自己的領導和指揮，帶領人們克服困難，解決問題。

思想能力超強的人，常常具有決斷力，能夠在關鍵時刻產生處理問題的新靈感，新方法，找到新的途徑。從而能穩定眾人的心神和情緒，減少不必要的恐慌，成為人們依賴的定海神針。

思想能力的強弱不僅表現在解決問題的思路上，還能增強人們的判斷能力，使人們判斷問題更準確，更能接近事物的本質和事情的真相，更有說服力和感召力。思想能力強的人更善於表達，語言邏輯更強，更有鼓動性和煽動性，能夠激發人們的激情。

2 黑帶的含義——領導者的心理要夠堅強

跆拳道是集修養與技藝於一身的運動項目。經過長期艱苦的磨練，某學院的一個跆拳道學員終於迎來了畢業典禮的隆重時刻，當初他是個一竅不通的初學者，現在已經能夠熟練地掌握技藝，成為一個出色的跆拳道高手。今天，他將登上領獎臺，被授予跆拳道最高榮譽稱號——黑帶。黑帶是跆拳道高手的象徵，是實力的表現，是一種榮譽和責任，更是所有習武者追求的最高境界。

被告知今天要授予黑帶的學員激動萬分，在刻苦的鍛煉之後，他期待著自己被承認的那一刻。

「經過一番系統化而嚴格的訓練，你的功夫已經達到了很高的水準，與黑帶已是咫尺之遙，在即將為你頒發黑帶之前，你還要通過最後一道考試。」教練說。

「請您說吧，我已經做好了準備。」學員以為教練的考試無非是圍繞著跆拳道的一些常識來發問的。

「這個問題很簡單，你們都知道黑帶是跆拳道的最高級別，那麼你們知道黑帶代表什麼嗎？」

「這代表我們學習跆拳道的過程已經圓滿結束，我已經是跆拳道高手了。」

教練非常不滿意學員的回答，他說：「黑帶離你很近了，但是你還是沒有資格得到它，一年之後，你再來，相信那時你會給我一個滿意的答覆。」

一年的時光很快就過去了，學員再次來到了教練面前，這次他的答案是：「黑帶是一種代表著武學最高成就的象徵。」

這次教練依然默默地搖搖頭：「看來你與黑帶還有一定的距離，我再給你一年的時間，你走吧。」

時光荏苒，一年的時間很快又過去了，學員在這一年內悟出了很多道理，當他第三次站在教練面前時，他的回答是這樣的：「黑帶代表不受黑暗與恐懼的影響，是一種開拓進取、不屈不饒的精神，更是一個嶄新歷程的開始。」

「我終於可以授予你黑帶了，因為你已經成長為真正的跆拳道高手了。」教練欣慰地說。

責任重、壓力大、風險高，是領導者必須要面對的心理考驗。

一個人的心理素質好壞，決定了一個人的行為方式和行為習慣。心理素質好的人，具有很強的適應環境能力，能夠充分瞭解自己的能力，事業和生活目標明確，不脫離實際做無謂的幻想，能夠逐漸培養自己的人格，保持良好積極的人際關係。並且善於把握和控制自己的情緒，善於總結經驗，善於學習，能夠很好地發揮自己的個性。這些特點，都是一個領導者應該具備的基本素質。

心理素質夠堅強的人，遇事沉穩，不慌不亂，沉著冷靜，敢於決斷，敢於承擔責任，而不會臨陣脫逃或推諉塞責，關鍵時刻能夠站出來，為群體和個人排憂解難，化險為夷，贏得人們的信賴和支持。

一個領導者面對的壓力是多方面的，目標方向的壓力、上級主管的壓力、社會輿論、管理部門的壓力、資源的壓力、群體管理的壓力、群體生存的壓力或個人生活的壓力等等，任何一種壓力都可能成為壓垮領導者的最後一根稻草，這些都需要領導者獨自承擔。所以，領導別人就要從戰勝自己開始。如何戰勝自己，其實就是如何克服心理障礙，使自己的心理夠堅強，能夠承擔來自各方面的巨大壓力。

領導者要有承擔風險的能力，不怕失敗，不怕挫折和打擊，泰山壓頂不彎腰，如此才能當一個好的領導者。

3 為自己最恨的人封賞——領導力離不開號召力

張良是西漢初年的三傑之一，是古代偉大的謀略家和政治家，也是漢高祖劉邦重要謀臣。他協助劉邦制訂作戰方略，並在政治上、策略上提出許多重要建議，對劉邦奪取楚漢戰爭的勝利和建立西漢王朝起了決定性的作用。劉邦執政後，遇事仍願意和張良商量。

某日，劉邦出宮看到一些將軍面露慍色，三五成群在議論著什麼，當他走近時又都散開了。他覺得將軍們在有意瞞著什麼，心中忐忑，忙回宮找來張良詢問。張良如實道出：「將軍們要造反了！」這對於剛當上皇帝的劉邦可是非同小可，心想倘若真是這樣，天下何時能太平。於是忙問詳情，張良分析說：「陛下是靠這些將軍的浴血奮戰推翻了秦朝，打敗了項羽。如今您當上了皇帝，可將士們也想得到自己的封地和官位，但是您分封的二十多人中，都是陛下的愛將，如蕭何，曹參等，而陛下怨恨的人卻受到了處罰。這不得不引起了將軍們的不安，私下都在擔憂自己的命運。特別是那些得罪過陛下的人更是惶恐不已，生怕遭到不測，所以他們聚集在一起密謀造反。陛下如果處理不慎，後果則不堪設想。」

劉邦聽罷，感到事態嚴重，忙請教張良該如何安定軍心，嚴防局面惡化。張良思索片刻問道：「在諸位將軍中，陛下最恨的人是誰？」劉邦雖感有些尷尬，但也不再有所顧忌了，他告訴張良：「我最恨的是雍齒，幾次都想殺了他。」張良問：「為何？」劉邦說：「此人馳騁沙場，屢建戰功，在軍中很有威望。可他高傲自大，目無君臣，經常使我在將臣面前無法下臺，很沒面子。因為當時姑念他是個人才，才忍下了這口惡氣。」

張良聽罷高興地說：「這下有辦法了，陛下您只要封雍齒為侯，那些得罪過你的人看到陛下對最恨的人都那麼仁慈，他們還有什麼理由造反呢？」

劉邦立即下旨宴請眾將臣，並在席間宣佈封雍齒為什方侯。隨即又吩咐屬下對其他將軍們的定功封賞也要盡快辦理，將軍們聽聞後無不歡欣鼓舞。

劉邦的這一舉動不僅平息了軍中的風波，他的仁政也使其君主的威望得到提高。

只有具備號召力和感染力的領導，才能有效地將群眾組織在一起，統一思想，統一行動，發揮出集體的力量，完成群體所要追求的任務和目標。

一個人的號召力是由自身的人格魅力和協調能力來決定的。沒有人格魅力，或者缺乏協調能力，就談不上什麼號召力。號召力就是無聲的命令，會成就被領導者的追隨意識，當群體多數人員都會追隨自己的時候，領導力自然而然展現出來。

一個人號召力的形成，自然離不開人格魅力培養，包括心胸開闊，寬容大度，堅持正義，無私無畏，勇敢正直，一身正氣等品德特點。同時又有極強的組織能力，能夠很快地將群體組織在一起，調度指揮群體完成既定的任務。

號召力不是靠權力獲得而得來的，它來自個人的品格修養和社會實踐。號召力就是領導者的領導魅力，這種魅力表現在領導者海納百川，以寬廣的胸懷容納人才，包容萬物；表現在領導者充滿熱情，活力四射，用敏銳的眼光，洞察秋毫，引導眾人，指明前進的方向和道路；表現在知人善任，懂鞭策會激勵出群體人員的積極性；表現出高尚的人格魅力，得以影響人、關心人、體貼人，坦誠相待，嚴格自律，樂於助人，團結異己；表現在以大局為重，忠誠於群體的事業，敢於犧牲自我，捨棄個人利益，大公無私，為群體奉獻自己的熱血和精力。

有了號召力，作為領導者才能讓群體的每個成員佩服，才能貫徹自己的命令，落實自己的意圖，才能團結一致，各盡其能，發揮出每個群體成員的作用，實現群體的目標，推動群體的事業向前。

4 誰敢推開這扇門——敢帶頭才能當領導

從前有一個國王，手下的大臣們經常在他面前標榜自己如何聰明、如何具有管理能力。國王心想，不如我出個問題考考他們，看看誰才是真正的治國良才。

城池的南面有一扇大門，在人們印象裡，這扇大門從來沒有被打開過，城門已是鏽跡斑斑，附近長滿了荒草。據說有戰事的時候，將士們要從這裡出征，曾經打開過，但那時也是借助了機械的力量。自從將士們凱旋以後，這扇大門就緊閉了，再也沒人打開過。

這天，國王把大臣們帶到這扇大門前說：「這是我們國家最大也是最重的一扇門，你們當中誰能過去把它打開？」

國王的問題讓大臣們很頭疼，要打開這麼沉重的大門，簡直是異想天開，更別說是只憑藉自己的力量了。有的大臣躍躍欲試，但終究沒有勇氣走上前去一試，因為他們不敢在眾人面前出醜，萬一推不動會招人恥笑。

正當大家議論紛紛時，人群裡走出一個平時少言寡語的大臣，他走到大門跟前，前後左右的觀察了一番，用手推一推，大門絲毫沒動靜，他又試著從另外一個角度使了使勁，大門開始活動了。接著，他用足全身的力氣，終於把大門推開了，原來這扇大門是虛掩著的。

其實早在大臣們到來之前，國王就吩咐手下人把大門先打開，然後不露痕跡地虛掩上，國王的目的，就是想試一試他的大臣們在遇到困難之時有沒有解決問題的勇氣和信心。

那位推開大門的大臣得到了國王的讚賞，最後國王封他為宰相。

領導教戰指南

帶頭是一種冒險。很多時候，人們並不願意帶頭做一件事情，因為這意味著責任和風險，這是一種無形的心理壓力，考驗著人們的意志品質。

帶頭，顧名思義，就是自己首先行動，才能帶動大家一起行動。有了敢於帶頭的精神，才能一馬當先，衝在前面，把巨大的風險留給自己，以行動引領別人，率先去接受挑戰，完成任務。

俗話說，槍打出頭鳥。帶頭的人將會成為行動的第一責任人，如果行動失敗，他將會成為第一個受到責罰的人。

正是這種敢於冒險，敢於負責的精神，正是一個領導者所應該具備的素質。這種素質，很容易喚起人們對他的依賴，每遇困難和問題，都會把目光投向他，看著他的一舉一動，希望他能挺身而出，率先垂範，用行動為大家指明一條道路。這種無聲的語言非常具有說服力，潛移默化，就會被群體視為領導者的第一人選，成為潛在的領導者，進而成為真正的領導者。

群體中，角色地位分配往往取決於各人的性格。敢於帶頭的人，一定是膽大勇敢的人，往往具有積極進取的精神，為了實現目標，不計後果，不怕風險，對其他人有一種天然的感召力。這自然會讓一部分人走到他的身邊，甘願服從他的領導，接受他的指揮，從而形成一種自發性的領導，逐漸產生一種領導力。隨著人們自覺追隨的意願加強，往往在群體的領導更迭中，敢於帶頭的人就會被眾人寄予厚望，而推上領導的位置，這樣形成的領導力，往往會更強大，更持久。

5 解開戈地亞之結——領導力是一種解決問題的能力

傳說，在小亞細亞弗尼基亞城中的宙斯廟，有個複雜的繩結，叫戈地亞之結，大祭司曾說：「誰能解開它，誰就會擁有整個天下。」

正巧，馬其頓領袖亞歷山大征戰小亞細亞，聽到了這個傳言，亞歷山大命人帶他去宙斯廟前觀看神秘的繩結。他嘗試著解開它，可是他連繩頭都找不到，甚至連從哪裡著手都不清楚。

亞歷山大大帝惱怒之下想到了一個解決辦法。

他拔出劍來，一劍將繩子斬斷。

就這樣，困擾世人百年的「戈地亞之結」，被亞歷山大大帝一劍解開了。

領導教戰指南

能在關鍵時刻解決問題的，一定是個有遠見的人，不會目光短淺，也不會畏首畏尾，猶豫不決。

在美國某一個小鎮上有一個手藝精湛的鞋匠，經他手製成的每雙鞋子都像一件讓人賞心悅目的藝術品。據說，他還可以根據顧客不同的需要，打造出不同形狀和款式的鞋子，每當客人們拿到鞋子時都讚歎不已。

鎮上有個小男孩出於好奇，也想到這家店來做雙鞋。一天他走進了這家鞋店，鞋匠熱情地接待了他，問道：「請問，你想做什麼款式的鞋？」男孩由於事先沒想好自己想要什麼鞋，嘴巴嘟囔半天也沒回答上來。鞋匠看他挺為難就寬慰他說：「那你回去想想，確定了再來好嗎？」

過了一周，鞋匠不見男孩前來，多方打聽男孩的住址想上門詢問。這天他在路上恰巧碰到了那個男孩，就問他鞋子的事是否考慮好了。男孩看著他思索了一會，還是搖搖頭，鞋匠有點失望但還是對他說：「那把這事交給我吧，三天後你來取鞋，好嗎？」男孩立刻點點頭走了。

取鞋的這天男孩特別高興，腦海中不停地想著精美鞋子到手的情景。到了鞋店，鞋匠笑著將一個漂亮的鞋盒交給他，他迫不及待地打開盒蓋，卻傻眼了，鞋盒裡放著兩隻完全不同的鞋子，一隻頭是圓的，另一隻頭是方的。他詫異地問：「這是我的鞋嗎？」鞋匠說：「是的。因為你拿不定主意就把這事交給我了！」男孩聽後懊悔不已。鞋匠拍拍男孩的肩膀和藹地說：「孩子，接受教訓吧，以後遇事一定要有自己的主意。」

若干年後男孩長大了，成為世界矚目的公眾人物，每當回憶起這件往事都會感慨地說：「這次教訓讓我認識到：如果對自己的事優柔寡斷，那麼別人就會來替你作決定，當別人的決定事與願違時，後悔的還是你自己。」

這個男孩就是美國前總統雷根。

很多人更願意從眾跟隨，而不喜歡自己選擇方向，做出抉擇，因為自己選擇方向意味著風險加大，成本提高。還有些人天生就缺乏主見，沒有自主選擇方向的能力，因此希望可以有個能依賴的領導者出現，甘願接受領導，跟隨領導者被動地工作和生活。

有困難找主管，不是一句玩笑話，而是人們在長期的生活工作中，養成一種人際關係的處理方式。領導力必然會帶來相關的責任和義務。要成為群體的依靠，領導者不僅要有高瞻遠矚的目光，把握群體正確的方向，還要具備帶領群體解決問題的能力和水準，要勇於承擔責任和駕馭風險。要善於協調群體成員自己的關係，化解各種矛盾，讓群體人員產生足夠的安全感，感覺有動力，才會有幹勁，才能服從領導，聽從指揮，完成領導者安排的任務，從行動上支持領導者的行為。

6 數字的力量——領導者要懂感染力

一個熱力機器設備公司接到了一個很大的訂單，對方要求三十天交貨，突如其來的任務讓公司的管理層措手不及，因為他們員工和生產能力都有限。可是為了保住這筆生意，他們安排員工實行輪班制，夜以繼日，加緊生產。

一個禮拜過去了，只生產了一百多台，照此進度下去，按時完成任務是不可能的，如果不能按期交貨，公司便要支付很大一筆違約金，這讓經理非常著急。為了督促員工儘快進度，他給員工施加壓力，給每位員工下達了具體的數量，並且通知他們：如果完成不了任務，會受到懲罰，個別完成得太差的，將會被開除。

可是這個辦法並沒有奏效，相反，員工的情緒卻變得很低沉，每天基本上還是完成那些任務，經理最後沒有辦法了，只得向總裁查理斯·史考勃如實彙報了工作進展以及面臨的問題。

總裁決定親自去公司查看一下，到達暖氣機設備公司的時候，正值白班下班，夜班交接之際，總裁問從身邊走過的一個剛下班的員工：「你們這個小組今天生產了幾台暖氣機？」

「六台，總裁。」

總裁讓助手拿來一隻粉筆，把工廠公佈欄裡的內容全擦去，只在正中間寫上了一個「6」，便離開了。

夜班的員工看到公佈欄裡什麼也沒有了，只剩下一個數字「6」，有員工告知說，這是總裁寫的。他們想，不就是六台嗎？這算什麼，我們根本可以生產十台，結果，第二天的公佈欄裡，那個6就被換成了10。

就這樣，員工每天都在暗地較勁，每天的公佈欄上的數字也都被新的記錄替換。很快三十天過去了，他們也在競爭中不知不覺中完成了這個艱巨的任務。

領導者的激情和活力，最容易感染自己屬下。除了本身的激情之外，採用合適的方式和手段，同樣能令群體歡呼雀躍，激情澎湃。這是一種激勵措施，也是一種組織動員。這樣的領導能夠給人力量，帶給人活力，使整個群體富有行動力和創造力，表現出一種進取意識和拼搏精神，以最佳的精神狀態投入行動之中，使整個群體煥發出無窮的戰鬥力。

煽情是領導者的一種魅力，也是一種藝術。善於煽情的領導者，最重要的是能夠把自己的激情傳遞給群體每一個成員，激發出成員的自覺性，主動性和積極性。群情振奮的時刻，往往是群體最有爆發力的時刻，領導者如果能抓住這一機會，對某項工作，某項任務，某個行動做最後的衝刺，往往有事半功倍的效果。尤其是面對攻堅戰，常常能一鼓作氣，一舉拿下，這種領導力是一個大智大勇的領導者必須具備的能力，它是應付重大突發事件最有效激勵人心的方法。

一個群體，往往面臨同樣一個壓力圈，所有的人都希望從這個壓力環境中解脫出來，這就需要一個有激情的領導者引領他們，率領他們衝出這個沉悶的壓力圈。

一個領導者的激情，不但表現在令人激動興奮上，在面臨困難，危機的時候，同樣能爆發出一種激情。這種心態，能夠激起群體人員的悲壯感和鬥志，增強凝聚力，團結一心，更好地克服危機，度過難關。

領導者的激情更有利於創新改革，開創新的局面，走出新的道路。

7 對待獵狗的哲學——優秀的領導者永遠不滿現狀

一個獵人養了一隻獵狗。一天，他帶著自己的獵狗去森林裡打獵，途中遇見一隻驚慌逃竄的兔子，獵人就示意獵狗去追兔子。過了一會兒，兔子左轉右轉逃掉了，獵狗無功而返。獵人罵獵狗說：「你這個沒用的東西，我每天給你吃好的，你卻連隻兔子都追不上。」

而獵狗卻振振有詞地說：「我追它不過是為了一頓飯而已，可兔子呢，若被我追上，失去的可就是性命，一頓飯和性命之間哪個重要？所以牠會竭盡全力，拼命逃竄的。」

獵人一想，此話不無道理，每天飽食安逸的生活已經讓獵狗喪失了鬥志，如果多買幾隻獵狗，給牠們明確獎罰制度，讓牠們之間產生競爭，彼此有壓力，便會激發牠們潛在鬥志。說做就做，獵人立即去市場上買了幾隻獵狗，在開始訓練牠們的時候，便讓牠們懂得：凡是可以追到獵物的都可以得到美味的骨頭，相反，沒有收穫的就只能挨餓。當然，這些狗為了生存，同時也為了面子和尊嚴會拼命地追趕獵物，使自己的待遇高高在上。

每隻獵狗每天都會叼來獵物，獵人覺得自己這個方法很不錯，可是好景不長，獵人又發現新問題了：久而久之，獵狗們叼來的獵物越來越小，有時甚至敷衍了事。因為小獵物跑起來很慢，很容易就捕捉到，而大獵物跑的很快，要想追趕很費力，再加上無論捕獲的獵物大小，都是賞給一樣的骨頭，所以就沒有必要太努力。

獵人問出了其中的緣由之後，便又改變了獎罰措施，這次他不按照數量給獵狗發骨頭了，而是改成多勞多得的辦法，按獵物重量給牠們發骨頭，誰的獵物重量多誰的獎品就越多。這個辦法很靈，獵狗為了獲取更多的獎品，便會拼命的工作。

經過這樣的改革以後，獵人每天都會獲取大量的獵物。

領導教戰指南

不滿現狀是進取心的表現，唯有進取，群體才會有希望，才會不停地進步，所以不滿現狀，也是領導力的要素之一。

創新是領導力中最重要的一種能力，是群體不斷進步的動力。領導的創新會為群體注入生機和活力，啟動群體的各種能量，使群體更具有爆發力和執行力。不滿現狀才會尋求突破，才會不停地樹立前進的目標，才會使創新力有用武之地。不滿現狀就會提出問題，提出問題就要解決問題，這就為創新提供了動力。

創新領導力是「起而行」的領導力，任何改變現狀的行動，都會帶來新的責任，都會帶有風險，所以在創新失敗，面對挫折和困難時，領導者的膽略和再次創新能力，就顯得彌足珍貴。

失敗並不可怕，可怕的是面對失敗而氣餒和退縮，只有繼續發揮自己的創新力，尋求新的突破，群體才會有源源不竭的前進動力，才會越來越堅強。群體需要這樣能經受住挫折考驗的領導，領導者的領導力，也會在不斷地挫折考驗中，逐漸強大起來。

領導者不滿現狀，自然會成為整個群體的先驅，引發群體其他成員的進取心，為整個群體帶來活力。群體的上進心反過來會推動領導者的創新意識，為貫徹領導的意圖，實施領導的命令，提供契機，掃清障礙，建立堅實的基礎，使整個群體的進步會更快更大。

不滿現狀就是不安分，不安分的領導，自然會帶來領導力不停變化，這種變化可能是正面和建設性，也可能是負面和破壞性。面對領導者的不安分，群體的監督和約束必不可少，適當且合理的約束力，會使領導力沿著正確的方向發展和提升。

8 邱吉爾的演說——領導需有指揮能力

英國首相邱吉爾上任後，第一件任務就是對法國進行友好訪問。當他和法國高層會見後，得知法國政府決定投降，投降事情正在辦理之中。邱吉爾對法國政府的行為表示遺憾，並向法國領導人表明，即使只剩最後一人，英國也將堅持到底。

邱吉爾返回國內後，於一九四〇年五月二十六日下令撤出所有在法國進行作戰的英軍。德軍對敦克爾的英軍，進行包圍戰，敦克爾的英軍接到上級發出撤退命令後，將士兵分散，以一小隊為單位，趁黑夜進行突圍，創造了在八天內成功撤出三十三萬多人的奇蹟。

六月二十四日，邱吉爾在議會上通報敦克爾撤退成功的奇蹟。並且發表一段演講，大意是：我們將不惜任何代價保衛家園，我們從不相信侵略者會帶來福利，只要侵略者踏上我們的土地，我們就拿起武器給他們一個沉痛的還擊！戰到最後一人，我們也絕不投降！這或許是當時最鼓舞人心的演講。

領導教戰指南

一個領導者的指揮調度能力最能表現他的格局、條理性，還有組織控制能力。把人員分配完畢，把任務分配下去，並不等於指揮結束，接下來要追蹤、監督和調控。從人員的分工角度講，要檢查監督哪些人員沒有按計劃完成任務的進度；從決策的角度講，要檢驗哪些計畫內容與實際情況不符。

領導的指揮能力，表現在任務執行進度的均衡調節上，一項任務分配下去，由於各個成員的能力和態度等不同，總會產生差距，使進度拉開距離，這時候就需要領導的指揮調度，使之協調起來。加之任務的不同，客觀環境不同，個人面臨的困難不同，相對的難度也不同，由此會帶來進度的不同，這同樣需要領導指揮協調。

一個群體共同完成一項任務，因此必須要協作完成，一個成員或者一個環節出現問題，就會對整體進度產生影響，這時就需要領導者的調度指揮，把進度最慢的部分或環節加力推進，調整工作分配，調整人員，調兵遣將，重新佈局任務格局，使之有利於整體的進度更加合理。

領導者另一個指揮調度的能力表現在資源的調配上，讓優勢資源更加集中使用，解決最核心，最關鍵的問題，促使任務更好地完成。戰略聚集，才便於指揮調度，才能集中優勢力量，攻克難關，這是領導者根據實際情況臨場發揮，靈活使用資源的表現。只有如此，才能使決策順利地貫徹下去，貫徹到底，實現群體的目標。

領導的指揮得當，群體優勢就能很好地發揮，就能很好地貫徹領導的意志，就會得到群體的認可，領導的地位就會鞏固。

9 熱氣球上的判斷——責任心是領導力代名詞

「對不起，你能不能告訴我，我現在在哪裡嗎？」一位搭乘熱氣球旅行的人降低熱氣球的高度，向地面的人詢問道。

「你在離地面約三十米的地方。」

「先生，你一定從事電腦方面的工作，我說的對嗎？」熱氣球上的人說。

「對啊，你怎麼知道的？」

「因為你的答覆很有技術性，但完全沒有什麼用。」

「先生，你一定是從事管理工作的吧。」

「是啊，你怎麼知道的呢？」熱氣球上的人驚訝道。

「因為你不知道你身在何方，甚至不知道自己該從哪裡走，而你卻希望從我這裡得到答案，但是我的答案不符合你的要求，所以你將責任歸咎於我，要知道你現在的處境和先前的沒什麼兩樣。」

不敢承擔後果，出了問題就推脫，就找各種理由推卸責任的人，是不會贏得人們的信任的，只會招致人們的厭惡、反對和唾棄，自然不願意接受他的領導，甚至可能會把他趕下臺，剝奪他的領導權力。

領導者的責任心是指領導者帶領群體所做的事情和所完成的工作，敢於負責和主動負責的態度。無論是自己的過失還是群體中某些成員的過失所造成的損失，都要敢於承擔責任，首先追究自己的責任，而不是尋找理由讓群體人員做替罪羊，逃脫自己的責任。

領導者有了責任心，敢於承擔責任，才能取得群體成員的信任，群體成員才能大膽地接受任務展開工作，才能勇敢直前，開拓進取，才能發揮成員的積極性願意主動工作，不計代價，出色地發揮個人的才能，更好地完成群體的整體任務。一九九七年的七月十七日，比爾・蓋茲身披世界首富的光環榮登《富比士》雜誌，當時身價是一百三十億美元。

這位一向以天才的細膩著稱的首席執行長，也有裝糊塗的時候，看看他在微軟反壟斷調查案中出庭作證的表現吧。上訴法院認定微軟在Windows中捆綁ＩＥ流覽器的做法是壟斷行為，微軟面臨被強行分拆的命運。

當政府律師問道：「你曾經給高層管理人員的一封電子郵件裡曾經說道：贏得網路瀏覽器的市占率對公司來說非常重要。」

「我不明白您在說什麼？」比爾・蓋茲一臉茫然地搖搖頭。

「好吧，我們從頭開始，你曾經說過……」還未等律師說完，比爾・蓋茲立刻打斷他的話：「我不記得我說過什麼。」

「那個問題的答案你不記得了，我們換個問題。」

「不是，我有那個答案，只是忘記了。」

「你不記得那句話，你在寫那句話時想的是什麼？」

「我不知道我想的是什麼。」

最後靠著比爾・蓋茲力挽狂瀾，躲過了微軟被強行分拆的厄運。

領導者的責任心是成就事業的重要保證，以此能激發群體的勇氣，激發出群體的智慧，激發出群體無窮的力量。使群體成員敢冒風險，敢擔責任，甘心同領導者一心一意，克服苦難，共度難關，將領導力發揮得淋漓盡致。

10 一道題也不會——百密留下一疏

美國一所大學的學生即將面臨畢業，教授在他們畢業前進行一次考試。試卷發了下去，當學生注意到試卷上只有五道申論題時，他們非常開心。這類型的題目實在太簡單不過了。

三小時過去了，教授開始收試卷，學生們開始沒自信，他們臉上有些沮喪。教授將試卷收了上來，問：「全部答完的人有多少人，請舉手。」沒有一人舉起手。

「那麼完成四道題的呢？」依然沒有人舉手。「三道題？」，教授繼續問。「兩道題？」還是沒人舉手。

「那麼一道題呢？」教授問道。整個教室一片沉默。

「很好，這正是我最想要的結果，我只想讓你們明白，即使你們已經完成了四年的學習，但有些事情你們還不知道。試卷上的問題都是與每天日常生活實踐相聯繫的。透過這次考試……」教授微笑說道：「你們會從中發現這世界上還有好多的知識可以學。即使你們畢業了，對於生活來說，你們還都是學生。」

領導教戰指南

適可而止，其實就是留下機會，故意露出一個破綻，給對手留個活路，給自己留個退路。

領導者做事，要力求完美，在完美的同時要有意留下無關緊要缺點和漏洞，形成缺憾美，只有如此，才會給自己留出提升的空間，讓群體成員減輕壓力，放鬆心情，增強提高自己的意願和追求進步的動力。留下一個破綻和漏洞，應該是領導者有意而為之，為此這個漏洞的選擇要經過深思熟慮，要讓群體成員感到很重要，是領導者的能力缺陷，而實際上無關大局，對問題的解決不會產生重要影響，缺點反而會成為美德和優點。

留破綻可以考慮以下幾個方面，例如：可以損失一些利益，故意留下疏忽，讓出一部分給下屬、群體成員或者對手。還可以留下過程的破綻，可以故意走一下彎路，故意拿出沒考慮到，沒計畫好的姿態，使事情的解決，看上去增加了些難度。在時間上故意滯後，使事情解決略顯拖遝，按時完成，卻讓群體成員捏了一把汗，這樣更能增強群體人員的責任心和強烈的參與意識。

在某些細節的實施方法上故意採用比較笨拙的方法，留點空間讓群體成員發揮自己才能，找出更合理的辦法，展現自己才華的機會。哪怕這機會僅僅是他們事後自我安慰的理由，由此激發他們的心理優越感，達到心理的平衡，以免對領導力產生副作用和反作用力。

百密一疏，是一種策略，這種策略運用得當，就會使自己的領導得到提升，所以在運用過程中，需要深思熟慮，不能什麼破綻都留，一是品德修養的破綻不能留，二是原則立場破綻不能留，三是正義。

CHAPTER 3
領導就是攻心為上

一個人的演講可以動員數百萬人，花費四百萬美元來觀看，可以讓容納上萬人的會場座無虛席，甚至能夠讓艾爾頓強等巨星的演唱會在他面前都遜色，他不可思議地完成了一個艱難的演講，進而以一個風雲人物的姿態受到了全美的追捧和愛戴。

要記住，最有力量的控制是攻心為上。

1 夢裡淘金——許你一個美好的未來

有兩個窮人，一個叫亞當，另一個叫約瑟，他們每天都在想著如何能使自己變成有錢人。

為了尋找致富的途徑，他們約好一起去旅行。

一條大河擋住了他們的去路，沒辦法，他們只好在河這邊暫歇一晚。

第二天早上，亞當告訴約瑟：「我昨晚做了一個很有趣的夢，夢見河對岸有一個大富翁，他有一個種了很多茶花的大院子，我就在茶花叢中穿梭，突然發現了一棵白色的茶花很獨特。我就在它旁邊停了下來，這時我聽到一種聲音，彷彿在說，你是一個幸運的人，就在你身邊的那株白色的茶花下，有你想要的黃金。」

「我覺得你的夢還是很有道理的，你應該去對岸看看。」約瑟對亞當的夢很感興趣。

「算了吧，也許是我想錢想瘋了，才會做這樣的夢呢。」

「那這樣吧，把你的夢賣給我，我去對岸看看。」

於是，亞當就把夢賣給了約瑟，自己帶著錢轉身回家了。

約瑟就懷著夢想去了對岸。

跟夢裡一樣，這裡真有一個富翁，並且也有一個很大的茶花園，約瑟跟那個大富翁說，自己來自很遠的地方，想掙一點錢，富翁就讓約瑟留在自己的莊園做傭人了。

從此約瑟就開始精心的伺候茶花，春天來了，終於等到茶花開放的日子了，可惜滿園的茶花全是紅色的，沒有一株是白色的。

約瑟決定繼續留下來，到了第二個春天，茶花仍是滿園紅。

就這樣，又過了好幾年，約瑟依然精心伺候著茶花，終於在許多年後的一個春日裡，茶花又如期開放了。對於這些茶花，約瑟是再熟悉不過了，可是今年的茶花與往日不同，它們都開得特別鮮豔與飽滿，約瑟興致勃勃地欣賞著自己的勞動成果，在一個角落裡，他發現有一株茶花竟然是白色的，這是夢裡的那株茶花嗎？

約瑟拿來了鋤頭，小心挖開了那株白色的茶花，果然，下面埋著一罎子黃金。

第二天，約瑟就向富翁辭了工，帶著黃金返回故鄉了，而故鄉的亞當，依然是老樣子。

領導教戰指南

領導者為群體描繪的願景，既要有前瞻性，又有可操作性，並且有連貫性，循序漸進，看得見，摸得著，這樣才會令追隨者充滿希望，滿懷信心，幹勁十足。

願景激勵重點在對於未來前景的展望和描述，但其作用力的實現，還是建立在短期目標的實現上。如果願景只是泡影，沒有短期成功的鋪墊，沒有初步基礎的成功，願景成了空中樓閣，那同樣會對群體成員的心理造成打擊，失望不可避免。所以，領導者的願景規劃，應該是短期、中期、長期目標相結合，層層推進，步步深入，這樣才能有說服力和感召力，願景才能腳踏實地，成為激發人們生活工作激情的催化劑。

願景激勵以群體整體目標為主，輔以個人的願景規劃，點面結合，既讓成員看到集體的輝煌前景，又讓群體成員看到自己美好的未來，只有如此，才能協調好群體中個人和集體的關係。不管是群體願景還是個人未來，都要有條理，不能瞎許願，開空頭支票，最後成為吹牛皮，那就失去了領導者的威信和信譽。

所以，願景的可實現性，是願景能否發揮激勵作用，增強群體凝聚力，成為提升領導力的關鍵所在。

這方面，反面的例子很多，很多企業領導者，為了籠絡員工的人心，不惜大做表面文章，為員工描繪一幅燦爛輝煌卻虛無縹緲的「前景」，有的領導者為了眼前利益，信口開河，對員工大肆許諾，事情過後就隻字不提，讓員工空歡喜一場，最後眾叛親離，失信於人。

2 黑金就在遠見中——領導者的前瞻性

風險越大，利潤就越大。一八六七年，美國的賓州泰特斯維爾開發出第一口油井，當時有個很有魄力的投資家叫約翰普斯，根據他的分析，石油在將來整個社會發展過程中，會有不可估量甚至是不可替代的作用。所以，他竭力說服合作夥伴，共同買下這座油井。事實證明，約翰普斯的分析是正確的，當初他們看中的是這家石油公司巨大的增值空間，所以他們以遠遠高於這家石油公司的真實價值的出價，一舉獲得了克拉克公司的股權。而僅在一年的時間裡，他們就獲利百分之三百。

幾年以後，又有另外一家公司在利馬發現了一個大油田，並探明儲量，遺憾的是這裡的石油含碳量太高，因為當時人們還不具備提煉這種原油的能力，所以當時售價很低，只賣到一角五分一桶。

但是約翰普斯卻對這種原油保持很樂觀的態度。隨著社會的發展，特別是石油的用途越來越廣泛，人們一定會找到提煉的辦法，當他把這個想法告訴董事會，並建議買下這座油田時，卻遭到了董事會強烈的反對。董事會認為這是一個血本無歸的投資，與前一次投資有著截然不同的區別，可是約翰普斯舉覺得自己的想法是對的，他毅然買下了油田，接下來便是花費上百萬美元研發提純的辦法，透過兩年的不懈努力，終於研製成功。

經過提純的含碳量高的原油瞬間便改頭換面，身價由一角五分猛增至一元，約翰普斯的冒險神話再度上演。董事會也對他刮目相看，從此便相信這個人的確有非凡的見識和敢於冒險的拼搏精神。而正是這兩種態度成就了約翰普斯，使他從一個高峰越向另一座高峰。

領導者不僅對群體願景有規劃性和計劃性，還要有操作執行能力，每做一步，都是為了長久的目標。同時短、中、長期目標相結合，通盤計劃後分頭實施，使群體的目標明確，思路清晰，精力集中，解決核心和關鍵問題。

領導者的計劃性，能給群體成員心理上的安慰，讓群體成員做事思路明確，能夠發揮主動性和自覺性，不感到盲目和茫然。這種群體整體觀的培養，同樣為領導者展開工作，提供有利的保證。

計劃性既包括整體性，也包括連貫性和延展性。如果領導者沒有走一步看三步的眼光和能力，就無法帶領整個群體合理有序地發展，更無法實現群體的長遠目標。

人們生活工作的每一步，都是下一步的基礎、鋪墊和條件，所以邁出每一步都不能草率，要前思後想，立足局部，兼顧大局，使每一步都能向總體目標邁進一步，而不是頭疼醫頭腳疼醫腳，只顧眼前不管身後。

企業經營領導者，更應該有前瞻性，市場的穩定性就來自經營的連續性，如果總是炒短線，那麼企業離關門也就不遠了。打開市場不容易，鞏固和擴大市場則更難，走一步看三步，是企業領導必須要具備的素養。在開始經營前就要想好經營的每一步，而不是走一步看一步，缺乏計劃性和長遠的眼光，導致企業經營起伏不定。

3 我不是一個令人興奮的政治家——能實現的才叫願景

二〇〇〇年美國大選中，艾伯特・阿諾・高爾跟小布希是呼聲最高最具實力的兩位競爭者。在距離大選還剩三十五天的時候，他們透過電視做了一次向全體國人的公開競爭辯論。

在這次演講中，所有的人都認為現任的副總統高爾會更具競爭優勢，因為他完全可以利用這次演講的機會，陳述自己曾經歷的一些實績來證明自己的能力，比如經濟增長了，國家債務減少了，更重要的是在外交方面成功地與中東、愛爾蘭和巴爾幹半島簽署了和合約。可是在萬眾矚目的關鍵時刻，他又是怎麼表現的呢？

「我不是一個令人興奮的政治家。我此次演講不是對過去工作的總結，我也不想站在過去那些輝煌事蹟上面炫耀自己，我想說的是：雖然現在經濟指數上去了，犯罪率也有所下降，但是目前的狀況依然不樂觀，依然有更多的人關心那些潛在的危機與問題。試問一下，就目前這種狀態延續下去，那麼未來的四年裡，我們的生活會比這更好嗎？」

這個問題對於每個美國人來說都是個未知數，接著高爾又提出了十一項變革方案，包括平衡支出、債務的償還、將存款著重用於醫療和社會治安、削減中低收入家庭的稅務、杜絕校園暴力、為家長提供防止孩子被文化污染的幫助、教育投資、衛生保健、環保措施以及退休保障等。他說：「我在為你們爭取這些新措施與方案，這是與你們的切身利益息息相關的，所以我需要你們的支援。」

高爾的這十一個方案對於每個民眾來說都很模糊，他們無法在短時間內確定和分析這些變革方案的內容，克林頓的競爭助手曾經說過：如果在演講中提到三個以上的問題，那就等著失敗的消息吧，而高爾所提到的問題和構想遠遠超過了三個。連高爾本人都承認自己不是一個令人興奮的政治家，他這種消極的態度同樣影響到那些選民，進而也大大的影響了自己的得票率，最後使自己一敗塗地的不是別人，正是自己的謹慎與死板。

領導者不僅善於為群體選定目標，繪製藍圖，制定美好的願景，還要善於帶領群體，腳踏實地，努力奮鬥，一步一步逐漸實現願景。

領導者為群體描繪的願景不僅要好看，還要實用，不能實現的願景不是願景，是空中樓閣。

任何願景的激勵，都要腳踏實地，以現實為基礎，既有前瞻性又能夠最後實現。如果只是在描繪藍圖上做文章，描畫得再好，再絢麗，也沒有什麼實際意義。立足現實，又著眼未來，具有能實現的願景，才能激勵人心，增強凝聚力和向心力，引發群體人員積極性，齊心協力，共同前進。

領導者不僅要規劃未來的能力，還要為願景具體規劃可行的實施措施和方案，同時要為了實現願景，必須腳踏實地地工作，不管遇到什麼樣的困難，都要想出切實可行的辦法和措施，克服困難向願景靠近。一個管理者，要想使下屬積極地工作，管理者自己本身首先就要成為一個積極向上的人，並用自己的積極心態去影響自己的下屬。

很多企業經營者，都會為員工描繪一幅美好的願景，胡亂許願，加薪晉職，用以吊起員工的胃口，短期確實能使員工高興一陣子，可是最後無法兌現，不僅打擊了員工信心，使企業管理陷於被動，而且會影響到企業的信譽和形象，因小失大。

領導者在為群體制定願景時，一定要慎重，要立足現實，詳細論證，仔細推敲。既要有美好的發展前景，還要有實現的基礎和條件，穩紮穩打，把願景變成美好的現實。

4 什麼打動了威爾許——領導者要創造更好的環境

作為擁有全球第一執行長稱號的傑克威爾許，骨子裡既有爭強好勝的一面，又有勤奮嚴謹、注重細節的一面。

一九六〇年十月，在福克斯博士的介紹下，威爾許來到麻塞諸塞州的匹茲菲爾德，開始了在通用電氣（GE, General Electric）的職業生涯。那個時候，福克斯已經發明了聚碳酸酯樹脂，接下來便是繼續研製聚苯醚，這也是一種耐高溫的塑膠，可以替代不銹鋼。威爾許隨即投入到研發工作中去了，在實際的工作過程中，最不堪忍受的是通用公司管理上的那種吝嗇習氣和官僚作風。威爾許滿心以為公司會提供一些相應的必備條件，可是令他失望的是，公司連個住宿的地方都不提供，但是他依然選擇留下來。威爾許之所以會熱衷於這項工作，完全憑藉他與生俱來對這項工作的熱愛和對美好前景的期待。

在匹茲菲爾德的一座破敗的樓房裡，他和另外一個夥伴為研製這種新型塑膠付出了巨大的心血和精力。一年之後，透過他們的辛苦工作，新工廠終於建起來了。為了表示對他們辛勤工作的鼓勵與認可，公司方面給他加了一千美元年薪，這讓威爾許的心裡稍稍有些安慰。不過很快他就發現，公司所有員工無論工作成績如何，都調薪了一千美元，並被告知這次調薪人人有份時，他感到受了嘲弄，因為他的貢獻絕對是無人可比的，公司理應給他特殊的待遇。這個公司如此的僵化的體制，再一次激發了他的憤怒，他決定離開ＧＥ。

得知威爾許要離開的事情之後，作為部門負責人的魯本・古托夫感到異常震驚，他決定親自說服這個年輕人讓他繼續留下來。

於是在即將舉行告別宴會的前一晚，古托夫邀請威爾許共進晚餐，席間，他誠懇地聽取了威爾許要離開的理由，聽他講述了對公司那些官僚作風的種種不滿以及這種作風帶給ＧＥ的危害，古托夫邊聽邊點頭稱是。

知道威爾許想要離開的理由之後，接下來古托夫便開始苦心地挽留，他告訴威爾許：「請你相信我，我會儘快的改善公司的一些不良習氣，盡可能的為你們創造良好的工作環境。只要我在公司一天，就不會再讓那些不愉快的事情發生，另外，我再給你增加一千美元年薪。」

威爾許感動於古托夫對自己的信任與器重，結果，第二天，在已經籌備好的告別宴會上，威爾許的回答是：「我決定留下來，不走了。」

許多年以後，魯本・古托夫回憶往事的時候對此事還記憶猶新，他說道：「我這輩子最成功的一件事就是把威爾許留在了ＧＥ。」威爾許在為ＧＥ工作的幾十年裡，又同樣成功地為更多的人創造了好的工作環境。

領導教戰指南

一般來說，群體成員在群體中的滿意度，決定於三個方面的因素，即期望、承諾和表現。期望是群體成員基於對領導能力認可，服從領導者安排參與完成工作和任務所能獲得的利益預期；承諾是領導者所提出給群體成員並能完全兌現的工作報酬和福利待遇；表現是群體成員對領導者整體領導效果、水準和兌現承諾等綜合形象的直接感受。一個領導者要想在下屬心目中樹立好的形象，就需要給予下屬合理的期望，認真兌現承諾，並重視實際良好的表現。

領導者要想讓群體成員對自己心悅誠服，主動接受領導，而不是三心二意，就要從各個層面關心下屬的工作和生活，令下屬心存感動，進而全身心地投入到工作和任務中去。

5 嚴謹和責任——前瞻性的培養

在二戰結束以後，英國官方統計在戰爭期間失事的飛機和統計遇難的飛行員的數目時，意外驚奇地發現這些事故都有一個共同點，那就是多數失事飛機是在完成任務返航途中出事的，甚至有的是在著陸前幾分鐘出現操作失誤。專家分析，這或許是飛行員完成任務返回時，看到跑道心裡油然而生的一種放鬆感，導致操作大意而釀成不可挽回的事故。

每一次重大的事故背後，都存在著嚴重的安全隱患，為此德國人帕布斯·海恩提出過一個著名的法則，這個法則的內容是：一起重大的飛行安全事故背後，通常有二十九個事故徵兆，每個徵兆背後有三百個事故苗頭，每個苗頭背後還有一千個事故隱患。這個法則被稱之為海恩法則。

請大家注意法則裡面的這幾個具體的數字，是從千百次的災難中總結和分析出來的寶貴的經驗，這個法則中著重強調的是兩點：一是事故之所以會發生是安全工作鬆懈，沒有及時發現隱患，沒有及時的檢查和稽核，導致漏洞越來越大，是日積月累的結果；二是即便是有最完善的規章制度和最優秀的操作手，在實際操作過程中，也要把責任心和嚴謹的態度放在首位。否則一個小小的疏忽就足以釀成重大的災難。尤其是在生產管理和安全管理中，海恩法則中所提示的每個事故都有它的起因和徵兆，也就是說如果能夠早期發現，那麼這些事故是可以避免的。

領導教戰指南

前瞻建立在現實的基礎上，以現實情況為依據，對事物的發展的推斷，其前瞻的正確與否，往往決定了行動的正確與否。領導者前瞻性，以及判斷的正確與否，對群體的影響發展非常大，所以領導者的前瞻和決斷，必須慎重、準確，以免給群體帶來損失。

有了前瞻和預判，並不等於行動。領導者對事物的發展預測，僅僅是一種思想判斷，依據這種思想判斷做出決斷，採取行動，也就是未雨綢繆，做到心中有數，提前做好準備，以便更好地把事物推向自己有利的方向發展，以實現自己的目標服務。

領導者前瞻能力的培養，應該側重以下幾個方面：

第一，資訊的搜集整理能力。收集的資訊越全面，越準確，前瞻的正確性越大，越有把握。

第二，善於學習。豐富的知識有利於判斷的準確性。

第三，目標明確。要有整體性和計劃性，要是事情有計劃地展開，只要事物按照計畫的安排開展，就容易判斷出未來的走勢。

第四，有敏銳的洞察力。能夠根據事物的發展，判斷出可能會出現的問題，發現漏洞，提前做好預防，防患於未然。

第五，做好失敗的心理準備，不怕挫折。只有不怕失敗，才有可能大膽決斷，提前做出決定，提前行動，爭取主動。

第六，善於把握機會。前瞻是一種對機會的洞悉，機會往往就潛藏在提前的預判裡，發現了機會一定要大膽行動，牢牢抓住，機會往往稍縱即逝，抓住了機會，就是抓住了事物發展的主動權。

正確的前瞻和預判習慣一旦養成，領導者就會處理群體各種事務中得心應手，遊刃有餘，贏得群體成員的信任，提高自己的領導力，鞏固自己的領導地位。

6 林肯的自信——領導者決斷力之源

美國前總統林肯出生在一個很貧困的家庭，參加總統競選的時候，他連一輛最普通的馬車都沒有，從一站到下一站，都是他的朋友用耕地的馬車接送。有的選民問他到底有多少財產，他回答說：「我有一位妻子和一個兒子，他們都是無價之寶，我還有一套舊房子、一張桌子、幾把椅子。對了，我還有一個很大的書櫃，上面有很多書，這些書是我一生取之不盡用之不竭的智慧源泉。除此之外，我就身無分文了。如果你們想知道我依靠什麼的話，那麼你們就是我最大的也是唯一的依靠。」

林肯的作風一向自信，當上總統之後，處理和分析事情更是仔細而周全。一次，召集六個幕僚開會，共同商討自己提出一個法案的可行性。這六個人各持己見，在會議室激烈的爭論起來，林肯仔細聽了他們爭論的理由，有的只是把看法停留在表面上，分析一些雞毛蒜皮之類的弊端，而另一些人純屬人云亦云，根本沒有自己的看法，整個會議室顯得亂糟糟，直到最後，也沒整理出個合適的方案。所以他宣佈：「這個法案通過了，雖然只有我自己堅持，但是卻是我經過縝密的分析和深思熟慮的。」

領導者當然離不開信心，沒有信心的人是做不好領導工作，更別說具有超強的領導力了。

提到領導者的信心來源，有的是來自對群體未來發展狀況預期，有的是來自對自己能力的認知，也有來自於對群體情況的熟稔、自己的觀察力和洞察力，更多的情況都是來自於長期在實務中解決問題的判斷和分析能力，這些比光有遠大的抱負或渴求成功的堅定信念都還重要，也更能獲得認可和支持。

得民心者得天下，領導者的信心只有建立在群體成員認可和支持的基礎上，這種信心才會轉化成巨大的領導力，才會化成群體前進的動力。

信心是領導者最重要的資產之一，是領導力的重要組成部分，是力量和希望的源泉。領導者如何培養自己的自信心和群體的信心，關乎到自己的領導地位和群體的命運前途。雖然信心不能為領導者和群體直接帶來他們所需要的東西，但信心可以告訴人們如何得到需要的東西。多一份信心，就多一份希望和力量。

世界上沒有任何東西和任何力量能像信心那樣影響人們的生活。一個領導者必須保持足夠的信心，必須學會如何樹立信心，才能夠帶領群體經受住各種生存狀況的考驗，到達理想的彼岸。

所有成功的領導者無一例外都是滿懷信心，並能給整個群體帶去信心的人。他和他領導的群體，在任何時候，在任何困難的情況下，都會堅持自己的信念，都不會放棄，都會全力以赴，毫不畏懼，不折不撓，不達目的不甘休。

信心是領導力，信心是領導者走向成功的動力。

7 風險與機會同在——膽略就是最大的資本

古代有一位士兵要出征了，父親神秘而莊重地將一個物件捧到兒子面前，意味深長地說：「這是我們家祖傳的寶物，帶上它，會給你戰勝一切的力量。」

兒子接過一看，發現是一個精美的箭囊，那厚厚的牛皮囊上鑲著光燦燦的銅邊，箭囊外還露出一支用上好的孔雀羽製成的箭尾。

兒子根據箭尾想像著這支箭的全貌，正想忍不住伸手將其拔出，父親一把攔住了他，叮嚀道：「這箭雖好，但萬萬不可取出。」

儘管有疑惑，但是當佩著這樣的箭囊時，會頓時感覺豪氣倍增。沙場中他時時想著箭的威力，在這樣信念的支持下，他馳騁疆場，奮勇殺敵。當鳴金收兵時，他已是英氣勃勃，戰績卓越的英雄了，在大家的簇擁下一切的傲氣油然而生，這時卻忘記父親的囑咐，拔出了插在箭囊中的箭。

剎那間，他被震住了，他拔出的竟然是沒有箭頭的殘箭，隨之他想到自己是佩著殘箭在殺敵，頓時湧出無限的恐懼和後怕，心中那根支撐信念和意志的支柱頃刻間倒塌了。

自那以後兒子再也沒有振作起來，在一次出征中被亂箭射死。

領導教戰指南

俗話說，藝高人膽大，越是經驗豐富，知識淵博，經過大風大浪的人，膽量越是異於常人，並且敢於決斷，敢於行動。這樣的人當領導者，自然能夠帶領群體敢於突破常規，大膽前進。膽小如鼠的人是做不成大事的，更不可能帶領群體勇往直前，當一個合格的領導者。

膽略和魄力，是領導者必不可少的素質，加強這方面的鍛煉，是培養提高領導力的重要內容。

膽略不僅是膽量，也不是大膽妄為，膽略是勇氣和謀略所構成。膽略的培養不是一朝一夕的事情，經驗和經歷是錘煉膽略最有效的辦法，要多經風雨，廣見世面，在困難挫折和危險中歷練自己。同時要開闊視野，增強學識修養，對事物認識越全面，越深刻，越能把握本質，人的膽略也越大。

由此可知，只有建立在真才實學基礎上的膽略，才不會蠻幹，才不會魯莽行事，造成不必要的損失。

領導者的膽略還會建立在自己的威信上。領導者的群眾基礎越好，群體成員越信任越支持，心中越有膽量，膽略也會越大。所以，如何增加自己的感染力和說服力，建立起廣泛的群眾基礎，也是領導者的必修課。

真正的成功者，尤其是企業領導者，都是膽略過人，敢於冒險，敢於第一個出頭。他們的膽略表現在做別人不敢做、做不到的事情，敢於向困難挑戰，敢於突破常規，敢於創新，敢於面對挫折和失敗。正因為如此，才能在市場激烈的競爭中，打造出人無我有的新產品和新服務，打造出自己獨特的核心競爭力，脫穎而出，殺出自己的一片新天地，令競爭者望塵莫及，只能甘拜下風。

8 命運取決於性格——領導者的忍耐力培養

金・湯尼經過十幾年的打拼後，終於擁有一家屬於自己的公司，總資產逾一千億元。但金・湯尼並不為此而感到滿足，他說他的生活就像印表機一樣，一年三百六十五天每天都一樣，沒有一點樂趣。尤其是他的妻子整日在耳邊聒噪，讓他不得不思考：當初結婚是不是正確的？

一天，金・湯尼聽到有一位作家也住在這個社區，而且他的生活簡單、充實，這讓金・湯尼很是羨慕，於是，他便擇日前去拜訪。

金・湯尼一進作家的門後，就不停地抱怨他的生活是如何單調，枯燥；抱怨他的妻子如何不夠體貼，經常在耳邊嘮叨他這裡不對、那裡不對；連他的孩子也不尊重自己；甚至連公司裡的員工不但不感激自己為他們提供了住宿和優良的工作條件，反而經常抱怨待遇太差。接著，金・湯尼又很自豪地說自己是如何如何的富有，私人名義下的產業有十幾處，最近還收購合併其他的公司，不久將來他肯定是「巨頭大鱷」。最後，金・湯尼卻說了自己的苦衷，他覺得自己很孤獨，總感覺每個人和他交往都是為著他腰包裡的錢，他很擔心如果有一天他一無所有了，還會不會有人像今天這樣巴結他，理會他。

作家靜靜地聆聽完金・湯尼的抱怨，問他：「你看外面有什麼？」

金・湯尼答道：「一群孩子，還有老人。」

「能不能形容一下他們在做什麼？」作家問道。

「那些孩子在綠油油的草地上開心地玩耍，老人則坐在長椅上互相交談，或者靜靜地看著孩子們歡快地玩耍……」作家笑著說：「這證明你內心深處還有那麼一絲快樂的因數。」

說完拉著滿臉迷惑的金・湯尼來到一面大鏡子前。

作家問他：「你又看到了什麼？」

「你和我！」金・湯尼感覺自己像被耍似的，不耐煩地回答道。

「哦！那你告訴我，鏡子中的你是什麼樣的，我又是什麼樣呢？」作家溫和地問道。

金・湯尼仔細地看了看鏡子中的自己，不時和鏡子中的作家比較。鏡子中的作家微笑著，而自己則是一臉不耐煩的樣子，他看著自己，突然覺得很陌生，很久沒有這樣靜靜地端詳自己。眼角瞄向作家那張笑臉，金・湯尼突然有點羨慕，曾經，自己也有這樣陽光般的笑臉。而現在，鏡中的金・湯尼一臉滄桑，年齡不過三十出頭，就有五十歲的模樣。

「窗戶和鏡子都是用玻璃做的，它們唯一的區別就是鏡子的玻璃上有一層薄薄的水銀，但是，就因為多了一層薄薄的水銀，就讓人們只能看到自己。」作家意味深長地說。

領導教戰指南

忍耐力越強的領導者，在面對各種問題，處理各種事務的時候，就越有主動性，越能把握主動權，處理起問題越能遊刃有餘，收放自如。

忍耐力強的人，內心精神世界比較穩定，心理相對健康，在對待問題時候比較冷靜，不會輕易表現出情緒化。在遭受挫折和打擊的時候能夠波瀾不驚，不動聲色，透過自我心理調節恢復平靜。

領導者的忍耐力培養，與自身的性格和修養有很大關係，性格難以改變，但修養可以後天得來。

領導者的忍耐功夫如何，首先決定於領導者的心胸，心胸寬廣包容萬物，自然善於忍耐，心胸狹窄不能容人的人，也就談不上忍耐力了。

其次，目標明確。意志堅定，一切為了目標服務，對於干擾目標實現的人和事，不在旁枝末節上糾纏。

第三，有深厚的學識修養。學問深時意氣平，見多識廣，見怪不怪，也就不會輕易為外界情況變化而改變自己的信念和行動。

第四，分清主次。審時度勢，抓住核心問題，關鍵問題，解決核心問題，主要問題，忽略無關緊要的事情。

第五，保持樂觀的心態。無論遇到什麼困難和挫折，都能從積極的角度去看待，不急不躁，不溫不火，積極面對，泰然處之。

機會往往最考驗人的耐心。逆境中不妥協，順境中保持警惕，遇到問題冷靜思考，一慢二看三透過，嚴於律己，寬以待人，能屈能伸，鎖定目標，心無旁騖，永遠保持一個樂觀的心態。敢於等待，善於等待，機會自然就會找上門來，自然能贏得人們的信任和支持。

9 讓巴頓伸出援手——與狼共舞

一九四五年的一月二十八日，巴頓軍團鼎力協助艾森豪，成功擊退了希特勒精心策劃的一場反攻。

事情還得從前一年的深秋說起，盟軍步步緊逼，那時的希特勒部隊已連連敗退，為了扭轉敗局，希特勒決定背水一戰，奪回主攻權。

在發起攻勢之前，希特勒仔細查看了地圖，很多地方都有重兵把守，只有一個地方相對來說鬆懈一點，他認為可以從這裡突破，就是阿登山區。這一帶地形特殊，多山路和陡坡，把守的兵力由兩方面組成，一個是霍奇斯的美軍第一軍團，另一個是巴頓的美軍第三軍團，他們同屬於美軍將領布萊德雷的管轄。

進攻從十二月十六日拂曉開始，當德軍正以排山倒海之勢大舉向盟軍領地反攻的時候，盟軍還在睡夢中。密集的炮彈彷彿從天而降，驚醒了熟睡中的盟軍將士，他們驚恐不安，措手不及。德軍趁盟軍沒來得及反應之際，以迅雷不及掩耳之勢一舉拿下美軍第八軍團的陣地，並將隊伍向前推進八十哩。美軍只得丟盔棄甲向西倉皇逃竄。

直到次日早上，盟軍才全面獲悉德軍反攻的消息。面對嚴峻的戰事，總司令艾森豪很快地冷靜下來，如果想挽回戰局，眼下最關鍵的是需要一隻強大的裝甲部隊堵住德軍進攻的突破口。

可是總司令的命令讓布萊德雷有些犯難，因為自己曾是巴頓的部下，現在成了巴頓的上司，這個倔老頭不一定會聽自己的調遣。布萊德雷去找巴頓時有些忐忑，果不其然，巴頓不但不聽他的安排，而且還振振有詞：「我有我的任務，不能去，你還是另想辦法吧。」

巴頓不出兵，布萊德雷萬般無奈，就去向艾森豪彙報，於是艾森豪就親自找到了自己的老部下巴頓，曉之以理動之以情，向他仔細的分析了利害關係和闡明目前盟軍面臨的嚴峻形勢，不過巴頓依然無動於衷。

到底怎麼樣才能讓這個倔強的老頭出兵呢？艾森豪想到了一九四三年的北非戰役，那時多虧了巴頓的鼎力相助，盟軍才獲得勝利。提到北非戰役，巴頓也想起了往事：「我當然記得了，那時候你剛剛升為四星將軍。」

「現在我是五星將軍，可是我再一次面臨困境，這次我更需要你的幫助，老夥計。」

司令的一句老夥計讓桀驁不馴的巴頓徹底放下了板著的臉龐，他終於向司令伸出了援助的手。而正是由於巴頓及時的援助，盟軍徹底粉碎了德軍的反攻。

領導教戰指南

縱觀古今中外那些權力的登峰造極者，無不是與狼共舞的人，讓兇猛的老虎成為自己的手足和幫兇，借助各種勢力，成就自己的事業。

用人之大道，貴在用心，征服人心，就是征服了世界。對待危險人物的使用，首先要有震懾力，從氣勢上壓倒對手，讓對手心生怯意，從心理上征服對手。

其次，要以感情拉攏，讓對方心生感激，打好感情牌。士為知己者死，如果能尋找機會做一、兩件讓對方感激涕零的情感關懷事件，定能收買住對方的人心，像劉備摔孩子那樣，令對方五體投地，忠心為己，死心塌地任自己驅馳。

再次，要曉以利害。以利誘人，前途誘惑與短期利害關係相結合，既讓對方看到眼前追隨自己的好處，又要讓對方認識到追隨自己一定能成就一番偉業，前途無量。

最後，要想辦法抓住對方的把柄，是收服人的好辦法。這是一種要脅，也是一種牽制，這種辦法的使用，要做到你知我知，不能讓第三方知道。一旦把對方的把柄公開，對方就會一翻兩瞪眼，甚至鋌而走險，成為真正的危險人物。

與狼共舞，以虎為伴，不僅需要膽略，還需要領導者有大智慧。領導者的心胸度量、智慧，無不會對領導者的用人產生重大影響。

要使用危險人物，領導者要有足夠的駕馭能力，既能震懾得住，還要令其心悅誠服，感恩戴德。只有如此，才能忠心不二，死心塌地，否則就會成為禍害，後患無窮。對危險人物的使用，要把握恩威並重的原則，不能放任自流。

10 成就感就是吸引力——人才牢牢地在你身邊

微軟總部有許多工作了十幾年、甚至是幾十年的老員工，如果有人問，他們為什麼會喜歡留在這裡，他們的回答幾乎是一樣的，因為他們喜歡這裡的工作環境，他們說在這裡工作能使人感到有一種強烈的成就感。如果有人問，一個公司的利潤是老闆的，成績是老闆的，普通員工怎麼會有成就感呢？可是比爾・蓋茲卻讓他的員工實實在在地感受到這點，這彷彿不可思議。

比爾・蓋茲大膽啟用自己的員工，在實踐探索中允許他們把自己的個人意見參與到工作中去，甚至允許他們有犯錯的機會，但是他不允許自己的員工停滯不前，這便給了他們展現自我，開發自我的機會。

美國著名的橄欖教練保羅・貝爾曾經說過這麼一句話：「假如什麼事辦砸了，那一定是我做的；假如有不那麼令人滿意的事情，那是我們一起做的。假如有什麼事做的很漂亮，那一定是球員做的。這就是激勵球員為你贏得比賽的所有秘訣。」

領導教戰指南

人才一般都具有以下的特點：良好的人品，某一領域或方面的專長，有創造性思想，洞察力強，吃苦耐勞，處理問題講究方式方法，效率高，效果好。同時一般還具有較高的ＥＱ，能夠更好地理解領導者的戰略意圖和思想。

領導者如何發現人才，留住人才，用好人才，使人才與自己的戰略和運作模式保持統一的步調，跟上自己的步伐，發揮人才的優勢，創造出最佳效果，是領導者的重要工作。

第一，要有發現人才的慧眼，把有用之才招致自己的麾下。方法可以透過招募、舉薦，或者獵頭公司獵取。有了人才要留得住人才，要會籠絡人才。

第二，要人盡其才。根據人才的特點，把人才安置在合適的位置上，不能大材小用，也不能小材大用。

第三，要給予人才相應的勞動報酬和福利待遇。人為財死鳥為食亡，人才追隨領導者的目的也是為了獲得物質利益。

第四，要賞罰分明，對有功者進行重獎，對有過者及時處罰。

第五，要以感情搏人心，用關心呵護感動人才，以情動人，令其不忍離開。

善用人才是領導者的目的，用人的主旨是人盡其才，讓人才發揮自己的長處。所以，領導者要管好狼，帶好羊，為人才發揮特長營造一個良好的環境，使人才在一個融洽的工作環境裡輕鬆地工作。

同時，要引入競爭機制，讓人才時刻處於競爭的氛圍中，因為有危機感才有創造力。不僅如此，還要有合理的人才使用制度，既保證公平性，又有穩定性，使人才隊伍結構合理。只有這樣，才能把握好人才的發展規律，使其為我所用，發揮出最多的能量。

CHAPTER 4

領導者不可忽視的職場王道

一個具有領導力的領導者，首先應該具有鼓舞和激勵團隊的能力。即便是面對複雜的外部環境和激烈的競爭時，也能適應變化，讓團隊保持良性發展。

1 開除你是因為太優秀——智慧面對權力威脅

「壞了，壞了！」剛放下電話的沃爾瑪採購部經理摩爾，在辦公室裡大聲叫嚷起來，「那家公司的貨品雖然便宜，但根本不符合規格要求，還是邁克爾先生的貨品品質好。」他不由自主地狠狠捶了一下桌子，懊悔地繼續嚷道：「唉，都怪我一時糊塗，還寫信臭罵邁克爾一頓，大罵他是騙子，吝嗇鬼，這下麻煩可惹大了！」

「可不是啊！我當時就勸您先冷靜冷靜，不要急著寫信，可是您當時聽不進去。」秘書瑪麗小姐站起身，轉身對他說。

摩爾歎口氣說，「都怪我當時在氣頭上，以為邁克爾先生一定在騙我，否則別人的貨品怎麼能便宜那麼多。」摩爾在辦公室來回踱著步子，突然有了主意，指著電話對瑪麗說：「告訴我邁克爾先生的電話，我要打電話向他道歉。」瑪麗微微一笑，走到摩爾辦公桌前說：「經理，不用打電話了，告訴您，那封信我壓根沒發。」

摩爾停下腳步，驚訝地問：「沒發？」

「對！是沒發。」瑪麗笑吟吟地回答。

摩爾如釋重負，放心地坐了下來，過了片刻，他突然抬頭問：「可是，我當時不是叫你立刻發走嗎？」

瑪麗轉過身，歪著頭笑著說：「是啊，但我猜到您一定會後悔，所以沒告訴您，就壓了下來。」

「壓了三個星期？」摩爾繼續問道。

「是的，您沒想到吧？」瑪麗肯定地說。

「確實出乎我的意料，」摩爾邊低頭翻看記事邊說，「可是，我安排你發，你怎麼能自作主張壓下呢？是不是最近發往南美的那幾封信，你也壓了下來？」

「那倒沒有，」瑪麗的臉色更加驕傲了，「我清楚哪些該發，哪些不該發。」

沒想到摩爾霍地站起來說道：「是我做主，還是你做主？」瑪麗一下子呆住了，眼淚在眼眶裡打轉，不解地問：「經理，我做錯什麼了麼？」

「你做錯了，而且是嚴重的錯誤，就算我當時聽不進你的勸告，你還可以找機會再和我商量，但在我改變主意之前，你必須要按我要求的去做。如果這是封重要的軍事情報，你也敢這麼做嗎？」摩爾語氣堅定，斬釘截鐵地說。

因為這一過錯，瑪麗被記了一個處分，但並沒有對外公開，除了摩爾經理，公司裡沒有任何其他員工知道。

但瑪麗覺得自己是好心沒好報，懷著滿肚子的委屈，她跑到克理經理的辦公室，向克理經理訴說了自己的委屈，希望克理經理能將她調到其他的部門，她再也不願意伺候那位是非不分、好歹不辨的上司了。

「別急，別急，我會認真處理的。」克理經理說。

過了兩天，克理經理果然做出了處理，早晨一上班，瑪麗就接到一份解雇通知。

領導教戰指南

對領導者地位威脅最大的，可能不是他的競爭對手，而來自他的部下。部下功高震主，對領導者來說，不是什麼好事。

培養部下的忠誠度和服從意識，對領導者貫徹其戰略意圖，實施領導，落實任務，是非常關鍵的作用。對於工作賣力的部下，有時越要憋一憋，這樣才能激勵其鬥志，抑制其野心。

紐澤西州的財政部長金萊恩去世了，州長威爾遜非常悲痛。他正準備前去參加葬禮時，忽然接到了一個電話，電話是政界人士打來的，他說他希望能接替金萊恩的位置。

威爾遜對此人迫不及待的行為感到十分惱火，他想了想，回答道：「好吧，過一會兒我通知殯儀館，你先做好準備吧。」

部下居功自傲的心理，對領導者的領導力破壞巨大。不僅對領導者的戰略意圖貫徹產生障礙，還會使群體成員對領導者產生怨懟之心。從而破壞領導者威信和說服力，造成領導者與群體成員精神和心理的疏離。

對於領導者來說，對待忠誠自己，工作刻苦認真的部下，更要嚴格要求。適當的予以打壓，對其始終保持一種壓力，才能使其老老實實，一心一意地服從領導者的領導，很好地完成所被安排的工作和任務，確保領導者的領導力轉化成解決問題的能力。

同時，領導者還要做到恩威並施。對待忠誠自己，死心塌地的部下，要把他們當朋友，當兄弟，當知己，注重情感的交流，用感情、誠心、信任、尊重去打動他們，用領導者的人格魅力征服他們。士為知己者死，只有如此，才能使他們任勞任怨，為大局不惜犧牲自己的榮譽和利益，關鍵時刻挺身而出，不計個人得失，使之發揮出自身最大的能量。

2 要裁判就是為了罰你出場——把黃雀埋伏在螳螂身後

二〇〇七年一月，鮑勃・納德利突然辭去了家得寶公司首席執行長（CEO）一職，關於辭職的原因，外界傳言是因為他跟公司之間關於高額酬金問題沒有達成共識。鮑勃・納德利不願意降低自己的薪金標準，因為他的到來改變了公司經營滑坡，步步虧損的現狀，對此他是功不可沒的。而公司方面則認為自納德利上任以來股價下跌了不少，這與他所支領高額的薪酬顯然不成正比。

二〇〇二年十二月，克萊斯勒公司董事會宣佈，任命鮑勃・納德利為家得寶公司首席執行長，他是擁有西伊利諾大學的商務學士和路易斯維爾大學的工商管理碩士雙重學位的商界奇才，早先曾受過傑克・威爾許重用，以激進的管理風格而著稱。

面對家得寶公司的現狀，他上任的第一件事就是在公司內部進行大規模的人事改革。他認為，在商戰中人力資源決定著遊戲最終的勝負。所以僅在一年多的時間裡，高層管理人員幾乎全部被替換，他上任後新設立了一個人力資源部，聘請鄧尼斯・多諾萬為高級執行副總裁，並要求鄧尼斯・多諾萬參加每一次的董事會，向財務部回報公司年度性業務進展狀況以及制定公司最新進程和規劃。

鮑勃・納德利是一個善於發現問題並及時處理問題的人，他發現中低層的管理人員因為業績不佳經常被更換，為了提高管理人員的能力，他便對此制定了一個學習論壇，內容包括制訂公司戰略和營運計畫。除此之外，他還大刀闊斧地聘請了一千三百名人力資源專家，並改善員工的薪資結構。同時，納德利還發現公司存在盲目增加店面的情況，而店面經理的能力卻不盡人意，他建議立即停止擴店，待整體管理水準素質提高以後，再增加新的店面。

經過一系列的改革，公司的狀況發生了根本性的扭轉，在他執掌的六年時間裡，這個家居連鎖機構一躍成為全球盈利最豐厚的公司，公司銷售額和店面數量翻了一番，並收購中國家居建材超市『家世界』的全部經營權。在最初的四年裡，公司的紅利就從每股十六美分飆升至每股九十美分。

鮑勃・納德利的業績有目共睹，可是在六年以後，他卻因高薪和對公司未來一系列的經營戰略問題受到股東們的質疑，從而最終離開了公司。

鮑勃・納德利酷愛足球，但是他很遺憾自己與足球無緣，他說：「在足球場上，別人都太強壯了，而我那時卻很矮，於是不得不放棄這個夢想。」當有人問他在擔任首席執行長時最大的挑戰是什麼，他說：「大學的時候，我非常迷戀足球，在踢足球的過程中，我一直知道自己的得分，而當CEO就像是在滑冰，你的耳邊同時有幾個裁判在大聲喊著分數。我當初太專注於一種觀念，就是只把工作做好，其他自然就會好，可是事實遠非如此。」

如果將權力授予能力超過自己的下屬，就會擔心下屬的越權和篡權的野心，如果將權力授予能力低下的人，又無法實現自己的權力效力。因此，把權力授予下屬，就要有相應的掌控辦法。一般情況下，領導者授權對象往往是以下幾類人：

第一，有一定威信，並善於獨立處理和解決力的人。

第二，品德尚佳，忠誠守信，善於團結的人。

第三，工作積極，態度認真，勇於開拓創新的人。

第四，戴罪立功型的人。這種人偶然犯過錯誤，但並非原則和本質上的錯誤，急於悔改，彌補自己的過失，這樣的人會表示出更強的奉獻精神和工作激情。

慎重選擇好授權人，並非一勞永逸，萬事大吉。權力授出後，要有相應的制約操控機制，所謂螳螂捕蟬黃雀在後，就是指要建立一套對授出權力的制約操控策略和方法。

首先，確定授權的範圍和程度。適度授權，不能過大過大或者過小，過大容易失控，過小容易挫傷被授權人的積極性。要分層授權，做到權責分明、可控授權。

其次，領導者控制授權，避免權力失控。可採用多種辦法，例如可以透過指令、誘導、監督、威脅、制度等多種控制方法，無論採取什麼方式，都要因人而異，有針對性，要合理適度。

再次，要加強下屬人員的自我控制能力，分層授權要注重彼此間的監督，互相制約，保持良好的平衡。

每個人都不喜歡被控制，所以實施對權力的操控過程中，儘量避免對操控手段和措施產生的消極影響，減少負面的抵抗情緒，充分發揮授權的積極作用，使其恰到好處地使領導者的權力延伸到整個群體。

3 奴隸的生死就是金錢——領導者永遠都要解決力

十八世紀，英國本土監獄人滿為患，恰恰此時，英國在外的殖民地勞動力急劇不足。為解決殖民地勞動力資源不足問題，英國政府決定將本土所有服刑中的犯人運往殖民地進行勞作。運送罪犯是一件非常棘手的事情，當時英國海軍騰不出人力運送大量的罪犯，於是英國政府決定將運送罪犯的這一任務，交給當地私人船主承包。英國政府開出的條件極其誘人：「只要運送到目的，一律按照人頭付錢。」

當地私人船主欣然接受了這一任務，運送罪犯時，私人船主拼命裝人，一艘允許一百人載客量的船，在利慾薰心的船主安排下，裝滿了一倍到二倍的人。運送方式和美國從非洲運送黑人奴隸差不多，船上擁擠不堪，罪犯沒有最基本的溫飽和醫療。根據近代史記載，當時被運送的罪犯死亡率高達百分之三十七。這在英國國內造成一系列影響，在此情況下，英國政府須佈法律規定最低飲食和醫療標準，以保證運送奴隸存活率，並派官員到船上監督實施。起初，政府所作所為收到暫時的效果。可是當時海盜風氣盛行，膽大包天的船主並沒有將政府的法律放在心上，依舊我行我素，連政府派出負責監督的官員都與船主同流合污，分享利潤。

即使政府頒佈了以法律為主的保護罪犯生命安全的規則，也不能保證犯人有一半以上的存活率。為此英國政府付出天價金錢，財政連連赤字。最後無奈之下，英國政府將以前所頒佈的制度全部作廢，實行一個十分簡單的制度：「按照下船的人數進行付費。」

這樣，利慾薰心的船主就不能拼命地裝人，因為此時，上船的人數顯得並不重要了，能在目的地下船人數才最重要，因為私人船主給眾多犯人一點生存的空間，保證他們吃飽，還配備了醫生，保證了最基本的醫療救治。根據近代史記載，這種制度一經實施，運送到殖民地的罪犯死亡率下降到百分之一到百分之一點五。

領導教戰指南

一個群體之所以需要領導者，就是為了能將群體組織在一起，透過群體的力量解決個人無法解決的問題。為此，解決問題的能力，就成了群體選擇領導者的主要依據和標準。

人的競爭力取決於解決問題的能力，善於找到方法解決問題的人，才能令人信任，才能有領導力。領導者的領導過程，就是不斷地發現問題、解決問題的過程。領導者地位的高低、成績的大小，取決於解決問題能力的高低。

對於如何提高自己解決問題的能力，是領導者要堅持不懈的功課。

第一，領導者要主動承擔責任，敢於承擔責任。承擔的責任越多，處理的問題和工作就越多，投身其中，自然就能找到更多的解決問題的辦法，累積解決問題的經驗。

第二，要努力做好每一件事。對待事情要態度認真，深入調查研究，看清事物的真相，抓住關鍵問題，對症下藥，以最合理的辦法解決問題，取得最理想的結果。

第三，要客觀審視自己，認清自己的缺陷和不足，及時加以矯正，逐步改進。沒有不足就沒有進步，自我反省，查漏補缺，是提高解決問題能力的好辦法。

第四，要目標明確。只有目標明確才能抓住重點，才能找到問題的關鍵，找到解決問題的突破口。

第五，要善於思考。多動腦，勤思考，遇到問題要多想幾個為什麼，多找幾條辦法，多做比較，擇優使用，找到最佳辦法。

什麼時候都有辦法解決問題的領導者，才會成為群體的依賴。領導者的主要責任就是解決問題，有問題找領導者，沒問題的話，就成了多餘的擺設。成功的領導者，必須要具備超強解決問題的能力。

4 有擔當的歉意——越是艱難越向前

美國廉價航空捷藍航空公司（JetBlue Airways）以「更舒適的服務」聞名於世。在二〇〇七年二月十四日發生一件令捷藍航空極其尷尬的事件，一場暴風雪襲擊紐約，造成捷藍航空公司兩百五十架國內外航班被取消，使乘客們在紐約甘迺迪機場滯留長達十一個小時。許多乘客不滿捷藍航空公司的行為，因為這場突如其來的災難，讓很多商業會議和蜜月旅行被迫取消，而在此之前捷藍航空公司並未說明航班被取消原因。與此同時，各大媒體將鏡頭對準捷藍航空，將此事件推向高潮。取消航班造成乘客的不滿和抗議，對以「更舒適的服務」聞名於世的捷藍航空而言，無異於是一場自砸招牌的行為。

此刻，捷藍航空CEO大衛・尼爾曼面對不滿的客戶和各大主流媒體的報導，毫不猶豫立刻在最具有影響力的視頻網站上發佈道歉視頻，並在電視上向眾多客戶道歉。大衛・尼爾曼提的道歉詞很短，也很巧妙。他說：「對於上星期的事，我們感到很羞愧，你們本應享受最好的服務，可我們讓你們失望了。」

大衛・尼爾曼的道歉詞避免強調客觀原因，也沒有為自己開脫，而是強調捷藍航空客戶至上的宗旨。大衛・尼爾曼知道如果以單純的解釋和強調客觀原因，只會讓捷藍航空更快地失去客戶。實際上，客戶最生氣的並不是飛機本身被延誤，而是航班被取消之前，捷藍航空並未提前發出通知，讓客戶重新安排事務，這一點才是客戶最不能忍受的。

大衛・尼爾曼言簡意賅地表達道歉後，他宣佈：對因當時失誤而取消航班的乘客，退還總計一千萬美元的機票款，同時將提供他們免費乘機，並賠償客戶因飛機誤點當時所造成的損失，並開始實行「顧客權益保障條款」。

後來，經美國著名的市場調查公司仔細調查，在事情發生幾個月後，發表資料顯示，捷藍航空再次獲得廉價航空公司最高客戶滿意度。

無論是群體還是個人，生活工作中總會遇到種種問題和困難，有些問題和困難可能很簡單，很容易克服和解決；有些問題和困難就比較複雜，解決起來也會比較艱難，不是一般人力可解決的。這個時候就需要領導者非凡的勇氣，並用自己的勇氣帶動群體，共同克服困難，共度難關。

希臘神話中薛西弗斯被天神宙斯發配到山上，每天周而復始推著一塊大石頭上山，每次快要將石頭推到山頂時，石頭會自動滾下來。天神宙斯要折磨薛西弗斯的心靈，使他永遠都無法將石頭推上山頂，讓他永遠陷在永無止境失敗中。

薛西弗斯並不認命，他依然快樂地推著石頭。雖然天神宙斯每天都在山頂上打擊他說：「你永遠都不可能將石頭推上山頂。」

薛西弗斯心想：「推石頭上山是我的責任，只要我把石頭推上山頂，我的責任也就盡到了，至於石頭滾不滾下來，那就不是我的事了。」因此薛西弗斯每天快樂地推著石頭上山，因為明天他還有石頭可以推。

由此可見，勇氣是一個人敢想敢做毫無畏懼，蔑視一切困難的氣概。這種勇氣來自智慧和人生修養所形成的勇敢精神，所以人們常說大智大勇，沒有大智慧就難有大勇氣。所以，一個領導者的勇氣培養，其實就是智慧和人生品德的修養。

第一，要培養自己的堅強意志。意志堅強，才能敢於面對困難。

第二，要目光遠大，胸懷寬廣，堅定信仰。有了遠大的理想和堅定的信念，才能有克服苦難的勇氣。

第三，要充分鍛煉自己的智慧，累積自己的經驗。有了大智慧，才能有克服苦難的本領，才能樹立起信心，敢於克服苦難。

第四，要膽大心細。面對困難能夠找到克服困難的辦法，制定出克服困難的策略，有計劃有方法，做到胸有成竹，才能激發出自己的勇氣。

第五，要有敢於獻身的精神，勇於面對自己，克服懦弱的心理，坦然面對困難，不驚慌、不恐懼，沉著冷靜，自己的勇氣就會毫不保留地發揮出來。

一個領導者，必須有氣吞山河的氣概和藐視困難的勇氣，如果遇到困難畏首畏尾，膽小怕事，逃避推脫，肯定無法勝任領導工作，無法帶領自己領導的群體克服困難，擺脫困境，最終只能被群體淘汰。

5 戴高樂遇襲臨危不懼——領導者的大勇

法國總統戴高樂的車隊出現在大街上，沿途的交通警察聽到消息立刻將紅燈轉換成綠燈，並阻止公共交通和私家車通行。總統戴高樂的車隊安全透過亞歷山大三世橋，駛向加蘭尼將軍大街。在車隊後面不遠處跟著一輛摩托車，正從另外一條街跟蹤戴高樂的車隊。當總統車隊透過加蘭尼將軍大街的時候，摩托車停在一家咖啡店門口，摩托車駕駛員從車上下來，來到咖啡廳門口公用電話，撥通神秘的電話號碼，壓低嗓子說：「老闆，貨物已經收到，一共三箱，有空查驗一下吧！」聽電話的是國際殺手曼爾諾，他說：「好，我立刻去。」說完，曼爾諾將手中的高腳酒杯狠狠摔在地上，掛了電話轉頭招呼其他人說道：「走，驗貨去。」

一行十多人紛紛抄起武器下了樓。院子裡停著早已準備好的交通工具。曼爾諾招呼眾人上車，他自己坐上一輛黑色的轎車。

上午八點整，曼爾諾一行人風馳電掣般離去。

八點零八分，曼爾諾站在一幢高樓的天臺上，拿著望遠鏡看著正緩緩行駛的戴高樂車隊，說道：「很好，正在計畫之中。」說完把望遠鏡遞給屬下，自己則搭乘電梯下樓，順手買了份報紙，來到公車站牌下，裝作等車。曼爾諾對面停著一輛白色的麵包車，車上候著曼爾諾手下多恩，他是行動組的執行者，只要曼爾諾揮動手中的報紙，他就會行動，將總統當街打死。這是他們預定好的暗號。

時間停留在八點二十分，載著法國總統的車隊緩緩駛進加蘭尼將軍大街。假裝專注看著報紙的曼爾諾偷偷瞄向車隊，心中計算射擊的距離，他保證務必一擊而中。此時，交通警察已經將街道上的車輛清理完畢。曼爾諾暗中計算著車隊行駛速度，當他感覺時機成熟，立刻揮動手中的報紙，並跑向旁邊的轎車。

「轟……」路面立刻被炸出一米左右的溝壑，總統車隊立刻停了下來，而載著總統的車輛飛快地從旁邊打了個轉，直接行駛過去，炸彈炸出的溝壑沒對車隊造成什麼困難。

多恩將準備好的炸藥扔了出去後，立即抄起武器下車對著硝煙彌漫的方向開槍，誰知從煙幕裡跑出來一輛車，正向他駛來，「碰！」一聲總統的座駕將多恩撞在一旁，並駛向另外一條路，直奔機場。此刻曼爾諾的手下都對著煙幕內開火，因為角度問題誰也沒注意到有一輛車從前面衝了過去。被卡在原地的總統護衛，掏出懷中的武器，死命地還擊。

出身特種部隊的總統專用駕駛員，手法嫻熟地衝過恐怖分子的包圍圈，將總統戴高樂安全帶到機場，戴高樂下車後淡定地說：「很幸運能見到各位。」

領導教戰指南

有些人遇到危險的時刻，心情緊張，不知所措，有些人則沉著冷靜，不慌不忙。臨危不懼是一種膽略，也是一種品質。

領導者就是群體的定海神針，領導者臨危不亂，群體才能站穩陣腳，齊心協力，化險為夷。

臨危不懼這種品質的養成，來自於領導者意志品質等多方面的修養。

第一，要有堅韌的品質，沉穩的性格，以及大無畏的精神。萬萬不能面對危險時六神無主，而是要膽大心細，穩住陣腳。

第二，要有堅定的信念。信念給人力量，信念使人堅強。

第三，要有大智大勇的膽略，戰勝危機的信心，以及戰勝危機的能力。只有做到心神安寧才能臨危不懼。

第四，要有強烈的責任感，要把群體的安全放在首位，做到忘我的境地。只有具備責任感，才敢於面對危險，毫無懼色。

第五，要胸有成竹，認清面臨的危險和局勢，找到擺脫危險的辦法。不能盲目蠻幹，要積極穩妥地帶領群體擺脫危險。

作為領導者如果意志不堅定，膽小如鼠，遇到危險驚慌失措，臨陣脫逃，勢必帶來整個群體的混亂，每個人各顧自己，爭相逃命，反而會加大危險的程度，最終導致危險演變成災難，為群體造成巨大的損失。這樣的領導，不可能贏得群體的信任和支持，不可能成為群體的帶頭人，必將遭到群體成員的集體不滿，從而失去領導的威信和地位，領導力也會喪失殆盡。

一個企業的領導者，當企業處於危險關頭，如何帶領企業員工度過難關，將會考驗企業經營者的膽略。在決定企業生死的關頭，企業經營者要具有大無畏的精神，敢於犧牲，以大局為重，沉著冷靜，首先要保住企業的根，其次要儘量保住市場，再來次要盡可能地留住人才，有了這一切，企業的復興就指日可待了。

6 用金子尋找金子——領導者腦海總有一盤棋

「如果有人能在黃金公司所屬的地產上發現或者尋找到新的金礦，並為此提出最好的建議，那麼他將得到五十七點五萬美元的獎金。」

這條消息發佈於一九九九年，時值加拿大黃金公司狀況最低迷的時候，首席執行長羅伯・麥克伊文的心情冷到了冰點，當時他拿出一千萬美元提供給那些地質學家作為探勘的費用。他們探勘到地下黃金儲量至少有六百萬盎司，是目前已經開採的黃金的三十倍，接下來便是勘查黃金儲藏的正確位置，可是幾年下來，一無所獲。這令羅伯・麥克伊文深感沮喪。如果還找不到黃金儲藏的正確位置，公司面臨的將是停產關門。

「或許在我的公司之外會找到有智慧頭腦的人。」羅伯・麥克伊文突發奇想。

在公佈這個消息之後，執行長隨即又把有關地產的所有資訊和自公司成立以來所有的發展狀況都公佈在網站上。與其他行業不同，黃金業是一個神秘行業，作為加拿大黃金公司的首席執行長，羅伯・麥克伊文的這種背道而馳的做法，無異於一顆重磅炸彈，頃刻間吸引了所有人的視線。

重獎之下，必有勇夫，很快此地就彙集了來自五十多個國家上千名地質學家、採礦者、諮詢顧問，令羅伯・麥克伊文感到驚訝和可笑的是這當中竟然還有數學家以及軍官。他們紛紛獻出錦囊妙計，並且使人興奮的是，在他們所發現的一百多處礦藏中，至少有半數以上是從未發現過的，並且多數都蘊含大量的黃金。羅伯・麥克伊文這個做法所帶來的不僅是大量的黃金，更重要的是他將北大安略落後的礦業轉換成為最創新、最有資產價值的礦業公司，自己也從一個一億美元的小礦一躍成為九十億美元的大型企業。

領導教戰指南

不打無準備之仗是領導者要遵循的原則。

領導的計劃性，對整個群體生活工作的影響是顯而易見的。大格局的建立，顯然要得益於目標的明確和對整體局勢的瞭解和把握。計劃性是領導力的重要組成部分，是話語權、注意力和影響力長期有效實施的保證。

大格局是一種遠見，預判，也是一種準備。準備的重要意義不言而喻，它是對各種問題和困難的預見和解決，從而防患於未然，並且能夠有效地防止問題出現，即便出現也能很好地解決。

領導心中的這盤棋，應該包括以下幾個方面：

第一，應該立足於長久發展的高度，明確各階段中所要實現的目標。

第二，為實現目標所應採取的戰略措施，以及完整的執行計畫。其中執行計畫要注重可操作性，並對其難度係數做出充分的評估，對實施成本有計畫地列預算，充足的儲備。

領導者的計劃性落實，要從三個方面著手：

首先，目標定位。要切實合適，具有可實現性，不能好高騖遠，成為一種感性的幻想，同時還應具有一定的難度，否則無法調動群體人員積極性。

其次，空間定位。就是明確計畫的空間覆蓋和實施範圍，對其實施邊界要有清晰的概念，可掌控和依託。

最後，時間定位。也就是計畫的短期實效、中期實效和長期實效要緊密結合，合理安排，要有整體性和連續性，每一時期要有所側重，按部就班，穩紮穩打。

企業經營領導者的計劃性，尤顯重要，因為市場是一個連續不斷的培育過程，只有目標明確，計畫周密，執行計畫科學合理，企業才能維持住自己的市場。

7 皇家銀行金融集團的擴張——計畫先行，慢慢行

二十世紀九十年代，皇家銀行金融集團（RBG）透過購併其他銀行的手段，進行擴張。當合併對手加拿大蒙特利爾銀行時，RBG的領導層突然有一個想法，建立一個超級金融服務集團。但是政府拒絕了這個提議，因為政府擔心如果兩大銀行一旦達成合作甚至是互相購併，會形成金融壟斷。

但是RBG高層接到這個消息後並未因此失望，而是做了兩個假設：

一，在當今激烈的市場競爭下，銀行不應該作為應對競爭者。

二，既然國內擔心會形成金融壟斷，那麼利用國內市場的力量，到境外發展。

最後，RBG高層團隊一致同意去境外發展。

RBG的CEO戈登•尼克森制定一系列戰略方針，決定在二〇一〇年之前，RBG的發展重點地區是美國，在美國開拓起來後，從而進入全球市場，這樣至少能將最大的風險降低到百分之十以下。幾年後，RBG在美國發展迅速，並在美國大部地區形成新生的服務力

量。

戈登・尼克森制定的戰略進行的非常順利，但他認為，這一切進行的都太順利，讓他不得不感覺他們發展太快，會導致一些員工對公司失去方向感和清晰認知感。人力資源高級副總裁伊利莎白・特・比格斯斯和戈登・尼克森一樣的看法，她認為照此下去公司員工可能會瀆職甚至離職。因此，她提出將高階主管以及下一代接班人集中起來，進行一次新的領導力和公司新戰略方針討論和培訓，從而在新一代接班人上手之前完成或推動新戰略方針執行。戈登・尼克森經過深思熟慮，同意了伊利莎白・特・比格斯的提議。

伊利莎白・特・比格斯將RBG高階主管集中一起討論RBG的核心價值和新戰略的意義，並確定了RBG公司最有效、最清晰的領導力表述方式。目前，RBG高階主管面臨一個非常重要的問題，如何讓一個核心員工構建新RBG的領導力風格和管理方式，並將新的領導力傳達下去。因此，RBG高階主管透過以自己的經歷為藍本，寫一份報告，用於幫助RBG新領導力的培養以及形成。並請公司旗下業務收入占總收入百分之六十，利潤占百分之五十五的個人商業銀行負責人吉姆・萊吉授課。

吉姆・萊吉將RBG高階主管經歷進行規劃和統計，經過一個星期的思索和修改，為故事確定了主題，並向RBG下一代高階管理人員進行講述。

吉姆・萊吉在講述的過程中，分析RBG在美國發展戰略的情況，認為公司在美國進行購併速度過快，這會讓利潤大量減少，因此吉姆・萊吉發揮自己的影響力透過新一代管理層進行控制成本工作。吉姆・萊吉將計畫實施後，RBG削減了十億美元運營成本，利潤因此而得到提升。

計畫的落實能力，才真正考驗領導力的強弱。完整合理的執行計畫，有利於對計畫的操作實施，二者相輔相成，協調統一，才能更好地實現目標。

計畫的操作實施過程，一般包括以下幾個階段：

第一，計畫實施的準備階段。包括實施計畫所需要的各種條件，例如物質、資金、技術、人才、制度、管理模式等相關的各種資源。

第二，計畫的導入階段。當各種準備工作就緒後，就要導入計畫，對計畫內容細節進行全面的論證考察，合理分配資源，使群體都能全面熟悉計畫的要求，做好實施計畫的心理和技術準備，並將計畫細節拆分到每個實施單位，做好人員分工。

第三，計畫實施的啟動階段。萬事開頭難，如何啟動計畫，領導者必須慎重，把握好時機，要在合適的時間，合適的地點，有合適的人來開啟計畫的實施，起步要穩，起點要高，一步到位，在正確的軌道上開啟正確的方向。

第四，計畫實施的主攻階段。這是整個計畫實施過程的關鍵階段，要集中所有的人力物力，集中精力和注意力，充分發揮全體成員的積極性，努力攻克難關。對可能出現的問題和遇到的困難要有充分的估計，時刻做好準備，隨時解決，不能影響整體工作的進行，全力以赴，順利完成計畫目標。

第五，對計畫實施的總結評估階段。對計畫實現的成功進行全面的總結評估，總結經驗，汲取教訓，找出計畫可能出現問題的原因，以利於開展下一步的工作。

領導者的操作能力，既是對資源的合理利用能力，也是對群體的指揮調度能力，是領導力的核心能力。為此，操作能力的培養，是一個領導者必須長期錘煉的一種能力。

8 獎勵家人的良苦用心——圍魏不單救趙

一個業務員用聰明才智以及不懈的努力為公司拉來了大量的業績，年底的時候，公司管理高層決定對這位出類拔萃的業務員進行獎賞。

業務主管把這位業務員叫到了辦公室，跟他說：「今年你的業務做得非常棒，為了表示對你的支持和鼓勵，決定拿出十萬元作為給你的特別獎金，希望你再接再厲，獲得更大的成績。」

業務員聽了此話，心裡很高興，這時主管又說：「你常年在外跑業務，你家裡的大小事情誰來處理呢？」

「是我的妻子。」

「你妻子很辛苦，這裡有一萬元錢，是公司特別獎勵她的，感謝她對你工作的支持。」

主管把錢推到業務員面前，又問道：「你每年有多少時間可以陪著孩子呢？」

「我哪有多餘的時間陪孩子啊，一年裡所有的時間加起來也不過十幾天。」

「你的孩子肯定很聽話，快放寒假了，這裡有公司特別為你的孩子準備的一萬元錢，希望你跟孩子好好團聚，陪著孩子好好玩一次。」沒想到公司的主管會想的如此周到，業務員聽了非常感動，這時主管又說：「我聽說你的父母不住在你身邊，你常去看望他們嗎？」

提到父母，業務員的表情有些凝重，歎了口氣說：「很久都沒有見過他們了，只是偶爾想起來的時候，會跟他們通個電話。電話裡，他們總說一切都好，要我不要掛念，其實他們是怕耽誤我工作，嘴上才不說什麼的。」

「可憐天下父母心，你有天下最善良的父母，你的業績表現既是公司的驕傲，更是你父母的驕傲，公司感謝他們培養出了你這麼優秀的人才，我今天就陪你一同去探望你的父母。同時為了表達公司的一點心意，我們也特意為兩位老人準備了一萬元錢。」

主管的一席話像一陣春風吹進了業務員的心裡，他頓時感到渾身都充滿了力量。

在實現直接目標的同時，也同時為實現其他的目標做好鋪墊和準備，這種一石多鳥的做法，是一個卓越領導者所展現出強大領導力的最好說明。

在綜合目標和單一目標之間，不同領導力的領導，會有不同的選擇。一個沒有全格局念，沒有遠見，缺乏運籌帷幄能力的領導，其目標會相對簡單和單一，只顧眼前，只解決臨時遇到的問題，沒有長遠打算，鼠目寸光，得過且過。其結局也很簡單，群體停滯不前，領導者威信降低，得不到支持，直到喪失領導地位。

而一個優秀的領導者，不僅有大格局，而且有為實現長久利益目標的策略和方法，每做一步，都會深思熟慮。因為每一步都不是單純的一步，在實現直接目的同時，為其他目的和長期目的打下基礎和做好鋪墊，環環相扣，互為依賴，互相促進，這是一種綜合利用資源，提高綜合效益的能力，使資源效益達到最大化。

綜合利用資源的能力，實際上是一個領導者能否成就大業的基本功，這種能力，並非一般人輕易就能具有。這不僅取決一個人胸懷和性格，還與一個人的理想、信念、學識、智慧和責任心等因素有很大的關係。這種能力的修養，需要日積月累，主動培育，不僅要進行品德修養，更重要的是要進行綜合協調處理問題能力的訓練，加強文化知識的學習，專業技能的學習，以及隊形新發展變化的判斷能力。

有一位非常漂亮的教師，無論她走到哪裡都會讓人眼前一亮，學校中任何的男生都非常想得到她的喜愛。

遺憾的是女教師只喜歡班上一名叫羅斯的小男孩，因為他非常聽話，學習成績十分優秀。幾年後，女教師的學生即將畢業，於是，女教師安排班上最優秀的學生羅斯在畢業典禮上發表演講，並親吻了他的額頭，祝福他成功。

此事在學校引起轟動，美麗的女教師很少主動親吻別人，包括自己的學生。比羅斯小一歲的男孩，聽到這個消息後，找到美麗的女教師，說：「我也要你的一個吻。」女教師非常驚訝小男孩的大膽，她反問道：「為什麼呢？」小男孩說：「因為我絕對不比羅斯差。」

女教師聽了後，給小男孩一個微笑，說：「你要知道，羅斯學習非常優秀，如果你能和他一樣學習優秀，而且遵守紀律的話，我會獎勵你一個吻。」說完，摸了摸小男孩的頭。

小男孩得到女教師的許諾後，開始努力用功學習，不久小男孩成了學校數一數二的優等生。到了畢業那天，小男孩得到了女教師的一個吻。這名小男孩就是美國總統杜魯門，而叫羅斯的小男孩則成了杜魯門的助手。

這個小故事告訴我們，要學會多方思考，每遇到問題就要多問幾個為什麼，多考慮周邊因素的影響，每做一個計畫都要設計多個相互關聯的目標，找好這些目的之間的鏈結。只有如此，才能多頭並舉，做一件事情解決多個問題，一箭雙雕，充分利用好各種資源，更好地實現群體的目標。

9 最後拿出博士文憑——藏好自己的野心

一位留美的電腦博士，去一家公司應徵，他拿出自己的博士學位證書時，和考官交談一會兒，考官婉拒了他。這已經是第十次了，只要他拿出博士學位證書，無一例外都是被婉拒。他思前想後，重新找了一家公司。前去面試時，他沒有拿出博士學位證書，只拿出大學畢業證書。緊接著他被該公司錄取，當了一名程式設計師。這份工作對他來說簡直是小兒科，但他仍做的津津有味，一絲不苟。慧眼識人的老闆從他的行為中發現他比一般工程師用時短，而且還能發現其他程式師發現不了的錯誤。這時，他亮出碩士證書，老闆看了後，於是便為他換了其他更專業的工作。

不久，老闆的書桌上全是他提出的建議，這些建議都有非常大的價值，給公司帶來了豐厚的利潤。於是老闆再次召見了他，談話期間，他拿出了博士證明，於是老闆又提升了他的職位。

又過了不久，老闆對他的水準有了一個新的認識，便毫不猶豫讓他當上了技術總監。

沒有野心的領導者做不好領導工作，但暴露野心的領導者便做不好領導工作。為此，克制力和忍耐力，便是一個領導者必須具備的基本功。

要想成為一個卓越的領導者，更是需要有野心，但野心的培養要從以下幾個方面做起：

第一，要有克制力，克制自己的欲望，克制自己的衝動，做到風吹不動，波瀾不驚。克制欲望，包括克制自己的情緒，克制自己的表現欲，克制自己的功名心，克制自己的利益心，不為各種物質和金錢的誘惑所動，不爭功，不奪利，不圖名，腳踏實地，埋頭做事，低調做人，積蓄能量。在我們週遭中，這樣的優秀領導者不乏其人，從一個默默無聞的小卒，突然成為執掌牛耳的權力新秀和精英，出人意料，又在情理之中，這樣的領導者都是具有超強克制力的人，不鳴則已，一鳴驚人。

第二，要不斷增強自己的人生修養，韜光養晦，忍辱負重，臥薪嚐膽。古代越王勾踐，就是這方面榜樣，他為了報亡國之恨，甘願屈膝稱臣，俯首就範，麻痹敵人，自己每日睡在柴草堆裡，天天品嘗苦膽，激勵自己勵精圖治，發憤圖強，悄悄地壯大自己的實力。直到有一天，兵強馬壯，突然奮起反擊，一舉消滅了吳國，成就了霸業。

第三，忍耐不是被動消極等待，在忍耐的過程中，要開闊視野，胸懷遠大目標，並打好相關基礎，努力提高自己的知識水準和業務能力。同時還要提高自己觀察問題和解決問題的能力，處理好人際關係，少說多做，不惹是非，贏得群體成員的認可和支持。

第四，任勞任怨，努力工作，用優異的工作業績打動領導，獲得領導的賞識和贊許，主動爭取提拔晉職的機會，並在機會來臨時抓住機會，一舉成功。

深藏不露是一個人內心定力的表現，是一種超於常人的忍耐力，能藏住自己的野心，不動聲色，不露痕跡，像韓信一樣忍得胯下之辱，深深蟄伏等待時機，才能在有朝一日發揮出來。

10 為了讓人們把我拉下臺——穿好正義的時裝

第二次世界大戰期間，蘇聯領導人史達林會同英國首相邱吉爾參加波茨坦會議。會議進行時，邱吉爾因尿急中途去廁所方便。邱吉爾正要小便，突然發現史達林正朝廁所走來，邱吉爾立刻躲到廁所另外一個角落裡盯著史達林。史達林走進廁所看到邱吉爾躲在角落裡盯著自己，非常疑惑，他不理解邱吉爾為什麼要這麼做，史達林方便完後，立即去參加會議。史達林走後邱吉爾才舒了口氣，開始小便。

會議結束後，史達林對於廁所內發生的事情心存疑問，就找了個機會問邱吉爾，說：「剛才在廁所裡，你怎麼躲著我啊？」

邱吉爾笑了笑，說：「我怕會被你收歸國有。」當時邱吉爾對蘇聯的政治體制非常瞭解，因此才有這麼一說。事後，英國舉行一次大選，在大選中邱吉爾被人拉下馬。

偶然一次機會，史達林與邱吉爾會見，私下史達林對邱吉爾的遭遇表示同情：「你死命地為國家、為人民打贏了戰爭，保護了他們的生命和財產，到最後他們還將你拉下馬。有這樣忘恩負義的民族嗎？看看我，在蘇聯國內誰敢將我拉下馬！」

邱吉爾對此報以微笑，不以為然回答道：「我為英國打贏戰爭就是為了讓人民能夠把我拉下馬，擁有民主和公平的選舉權利。」

正義是最有力的武器，誰掌握了正義，誰站在了正義的一邊，勝利的天平就會傾向於誰。

正義就是公正的、正當的道理，指的是符合一定社會道德規範的行為舉止。領導者的領導行為是否符合事物發展規律，是不是符合群體成員大多數人的根本利益，是判斷領導者是否具有正義感，是否堅持正義的客觀標準。

正義感應該是領導者最崇高的價值追求，有了正義感，領導者的觀點、行為和領導活動自然具有公正性和合理性。領導者在分配群體利益和承擔群體義務時，就會遵循群體人員統一認可的規範和標準，做到公平合理，讓大多數人滿意。

領導者有了正義感，就會贏得群體成員的認可和尊重，在與競爭對手鬥爭中，在懲罰處理下屬或成員的過錯時，就能贏得全體成員的大力支持，孤立對手，使受懲罰者心服口服，接受處罰，接受領導者的領導和管理。

領導者的正義感，既表現在規章制度上的正義，並保證對群體的財富、資源、責任和義務的分配公平和正當，又表現在形式正義和程序正義上。形式正義就是領導者在組織實施制度時，採用一致的標準，保持制度的執行始終如一，公平合理。在處理處罰群體成員的錯誤和過失時，程序公正公開，不徇私枉法，包庇縱容。

有了正義感，領導者就能有效震懾對手，解決糾紛，懲處違反制度的成員，就能維護群體的整體利益，贏得群體的支持，充份發揮自己的領導力，鞏固領導地位，因此獲得更高的權力。

CHAPTER 5
步步驚心的領導思想

處於權力頂峰，猶如高空走鋼絲，稍有不慎就會摔得粉身碎骨。為此，領導者要步步小心，每走一步，都要看好後路。沒有後路的路就是死路，只有狡兔三窟，才會有重新上路的機會。

1 大是大非的關頭——領導人對長遠利益的考量

一九八三年十月，三十八歲的范徐麗泰被港督尤德爵士正式任命為立法局議員，那時候她抱著身為一個土生土長的香港人，應為香港的繁榮做一些力所能及的想法，欣然接受了這個任命。

一九九二年七月，正值香港回歸前五年，作為香港第二十八任港督的彭定康走馬上任。上任伊始的彭定康就與范徐麗泰做了一次針鋒相對的會面：「你認為當前香港最亟待解決的問題是什麼？」

范徐麗泰提出這樣的見解：「四個問題，抑制通貨膨脹，改善教育、民生和治安。」

彭定康回道：「這些問題都不算什麼，離九七還有五年時間，眼下最重要的是對香港進行政治改革，五年以後，我們就會離開這裡，在這期間香港人一定要學會獨立自主。特別是你們，更要學會如何與中共打交道，以免被他們的專政牽著鼻子走，那樣就慘了。」

香港就要回到祖國的懷抱，所有的港人都期待著這一天，而彭定康的態度明顯是要讓自己與祖國背道而馳，這讓范徐麗泰的內心很矛盾同時也很難過。

「總督先生，你們在香港統治百餘年的時間，為什麼在將要離開的時候，才想起來要進行政治改革？才想起來關心民眾？」對於彭定康別有用心的計畫，范徐麗泰感覺到自己越來越無法與他共事。

「別忘了你是受過正統的英國式教育的，你應該支持政改，幫助和支持香港人維持獨立自主的權利。」彭定康對范徐麗泰的態度很惱火。

「你的設想看起來的確很美好，但是唯一的缺憾就是，它彷彿來得太晚了。」

「晚一些也比無動於衷強吧，起碼我已經在努力了，所以我需要你們的配合，這也是你們的責任與義務。香港遲早是你們的。」

「我看香港人根本不需要搞什麼政改，他們已經有能力明辨是非，也能夠做到自主與獨立，這不需要你們操心。」

「那好吧，按照新的政治方案，我宣佈，兩局議員必須分離，你既然是立法局議員，就不能再兼任行政局議員。」

彭定康的話並沒有讓范徐麗泰退縮，她異常冷靜地遞交了辭職報告：「我同時辭去行政局議員和立法局議員兩份職務。」

同年年底，范徐麗泰又地辭去了她在香港政府裡所有兼任的其他職務。

這就是在大是大非面前，仍能泰然自若的女政治家范徐麗泰。

領導教戰指南

要保持領導地位的穩固，領導者必須知進退，不能求功德圓滿，要把天下奇功讓給英雄，因為英雄是領導者最好的清道夫和擋箭牌，讓英雄替自己做想做又不能做的事情，讓英雄替自己說想說又不能說的話，把功勞讓給英雄，讓英雄抵擋大風。

不把事情做滿做絕，適可而止，這種把握火候的功夫，是領導者必須具備的。但做到這一點並非易事，每個人都有功德圓滿的欲望，領導者也不例外。

知進退才能遊刃有餘，領導者的這種品德修養，不僅能贏得下屬和群體成員的信服和尊重，還能激勵下屬和群體成員的積極性，讓他們感到有目標。找到努力的方向，給下屬和群體成員留出發展的空間，才能讓他們充滿希望和幹勁，才能對領導者充滿敬意，真心聽從命令。

由此可見，讓功其實就是避其害奪其利，蓄水養魚，立足長遠，鞏固自己的領導地位，提高自己的領導力。

2 波音的危機公關——化危機於無形

二〇〇五年，吉姆・麥克納尼接手管理波音公司，他是波音公司第三任CEO，前任CEO菲爾・康迪特因為和下屬發生不道德的問題，被迫辭職。為了挽救岌岌可危的波音公司，該公司董事會商議決定讓備受尊敬的前任總裁賀師統出任總裁一職，又沒過多久，賀師統竟與公司一位高級女主管有曖昧關係，被迫辭職。

吉姆・麥克納尼接受管理的波音公司，正處於風口浪尖上，一些媒體不斷播放著波音公司高層發生的性醜聞，這在大眾面前造成一系列惡性影響，損害了波音在公眾面前長久以來維持的良好形象。恰此時，波音公司遭受到對手的指控，並將波音公司起訴。

剛剛上任的新總裁吉姆・麥克納尼感到事情有些棘手，他不但要清理前任領導人留下的爛攤子，還要迎戰對手控告波音公司指示員工偷竊洛克希德・馬丁公司機密文件。吉姆・麥克納尼坐在會議室裡，面對眾多波音公司高階管理人員，他很清楚自己的處境。在會議上，眾多董事建議將官司進行到底，將此事歸咎於前任總裁……

吉姆・麥克納尼深思熟慮，一一否認了董事會的決議。在董事會強烈抗議下，吉姆・麥克納尼與政府達成了一項和解協定：波音賠付六億多美元，化解了針對公司的刑事調查。這樣，波音公司沒有承認有過失行為，還和政府國防部之間關係良好。

事後，吉姆・麥克納尼在董事會上說：「與其高調據理力爭，不如退一步，以一個低調認錯的形象出現，這樣既維持了公司的形象，又能和國防部搞好關係。」

隨後，《商業週刊》將波音公司新任總裁吉姆・麥克納尼評為二〇〇六年最佳領導人之一。理由是，成功引領波音公司走出醜聞陰影，並獲得了美國空軍一百五十億美元大單。

領導者所從事的工作，用如履薄冰形容一點也不過分。領導者面臨的壓力是非於常人的，對手的打壓，部下和群體成員對領導權的時刻窺伺，戰略的失誤，戰術的失敗，管理的漏洞，人際關係的僵化，資源的匱乏，突發事件等等。每一件事情處理不好都可能是致命的，都可能削弱領導者的領導力量，甚至會令領導者喪失其領導地位。

來自各方面的壓力，迫使領導者必須要具有堅強的意志力和持久的學習力，只有如此，才能對各種危機應付自如，得心應手。勇敢頑強，堅毅果斷，是領導力的基礎，怯懦、猶豫不決，是當不好領導的。

面對危機，對於領導者來說，要自信和自控，使問題簡單化和可操控，處理問題的方法要靈活機動，僵硬死板，拘泥陳規，只能使危機惡化，使危險變成災難。

領導者要時刻保持強烈的進取心，不能消極懈怠，被動挨打，要主動出擊，對未來充滿希望和信心，對工作和事業充滿激情。

正所謂，兵來將擋，水來土掩。領導者要化解四處埋伏的殺機，就要強烈的學習欲望，不斷地提升自己解決問題的能力和水準。

強大的學習力是領導者立於不敗之地的法寶。只有具備強烈的好奇心，旺盛的求知欲，持久的創新能力，才能理性和客觀地看待各種問題，全面深入地觀察事物，條理清晰，主次分明，抓住關鍵問題，一步一步消除周邊潛伏的殺機。領導者要永不滿足自己的知識和解決問題的能力，不斷提高自己的領導力，明察秋毫，洞若觀火，這樣就會化危險為優勢，化殺機為動力，激勵自己，鞏固自己的領導地位，全面行使自己的領導權力。

3 馬太效應——打破平衡重新造局

古羅馬帝國的皇帝，想去征服一個國家，臨行前，他將身邊最忠實的十個僕人叫到面前，交給他們每人一錠金子，說：「你們每人手裡都有一錠金子，拿去做點生意，等我回來再來見我。」說完，皇帝就帶領士兵出發了。

不久之後，皇帝凱旋而歸，他坐在金碧輝煌的宮殿上，派人將十個僕人叫了回來。十個僕人不約而同跪在皇帝的面前，等待皇帝的命令。

皇帝問道：「我走之後，你們賺了多少錢？」

第一個僕人上前答道：「陛下，我用一錠金子賺了十錠金子。」

皇帝讚賞地點了點頭，說：「很好，你很能幹，從今天開始，你將管理十座城池。」

第二個僕人上前答道：「陛下，我用一錠金子賺了五錠金子。」

「不錯，從今天開始，你可以管理五座城池。」

當最後一個僕人上前答道：「尊敬的陛下，你賜予我的金子，奴婢一直把它包在綢緞裡，原封未動。」

「為什麼？」皇帝問道。

「我本來就怕陛下，因為陛下是最厲害的人，沒有放下的還要收回去，沒有種下的還要去挖……」

皇帝聽後，呵斥道：「你這個貪婪的人，你既然知道我是最厲害的，為什麼不把我的金子交給錢莊，等我回來的時候連本帶利一起還給我呢？」說著轉身對其他僕人說：「奪下他的一錠金子，交給那賺了十錠的人。」

「陛下，他已經賺了十錠。」皇帝身邊的人說。

皇帝看了僕人一眼，說：「我告訴你們，凡是少賺的，就連他僅有的也要搶回來，凡是多賺的，我還要叫他多多益善。」

一九六八年，美國科學史學者羅伯特・莫頓以新約聖經馬太福音中一則寓言為本，提出『馬太效應』這個術語來說明一種社會心理現象：「相對於那些不知名的研究者，聲名顯赫的科學家通常得到更多的聲望，即使他們的成就是相似的，同樣地，在同一領域上，聲譽通常給予那些已經出名的研究者，例如，一個獎項幾乎總是授予最資深的研究者，即使所有工作都是一個研究生完成的。」

莫頓發現：傑出科學家會透過他們研究論述的重要價值以及他們的自信心，而得到聚焦功能的強化。這種自信心一部分是固有的，另一部分是在創造性的科學環境中體驗和交往的結果，還有一部分是後來社會確認了他們社會地位的結果；這種自信鼓勵科學家們更多地去探尋有風險但重要的問題，發表更多研究結果。

宏觀社會意義上的馬太效應原理，明顯地表現在那些導致資源集中化的社會選擇過程之中。因此富者更富，菁英份子在職業和各方資源更多，其下一代也更有優勢。

領導者再造新的權力格局要因地制宜、因時制宜、因人制宜，權衡利弊，隨機應變，靈活機動地授權，要求轉變思想，使新的格局中每種力量都能發揮最大作用。

同時要責權分明，增強新生力量的責任感，又不能對其造成精神的巨大壓力和負擔，影響其工作的效率。授權不授責，增強新生力量對領導者的信賴感和倚重感，同時要注意平衡新生力量之間的權力分配關係，要彼此牽制制約，以免出現濫用權力，越權行事的現象發生，造成權力失控。新的格局產生，勢必帶來新的問題，領導者要做好各種心理準備，對新生力量的掌控要合理有效，使其沿著正確軌道前進，成為自己的權力貫穿的通道。

4 激將法激出看守長——充份授權的智慧

「不足與缺陷是我努力的方向與動力，它促使我盡可能想辦法去彌補與改善。」

這句話是曾經擔任美國紐約州長艾爾・史密斯說的。他的父親在他很小的時候就過世了，為了照顧家庭，他很小的時候就輟學了。在艾爾・史密斯二十歲的時候，人們便在記住了他在一次演出中的精彩表現，三十歲那年，他擊敗競爭對手，當選為紐約州的議員。可是當時的艾爾・史密斯對這重大的任命竟有些措手不及，接著他拼命學習和鑽研相關的專業知識，提高自己處理問題的水準，很快他就把自己塑造成了一個危機處理專家。特別是處理了幾個棘手的問題後，使他一躍成為全國知名人物。

艾爾・史密斯是一個好奇心很強的人，越是有困難，就越想去攀登，越是有挑戰，就越想去征服。而他在事業上之所以會取得巨大的成功，就是源於骨子裡這種不屈不撓、頑強拼搏的精神。

艾爾・史密斯擔任州長期間，曾遇到過一件很麻煩的事情，那時魔鬼島以西的地區，有個惡名昭著的辛辛那堤監獄。管理這個監獄需要一個手段強硬而且極富管理能力的人，艾爾・史密斯想到了一個年輕人，這個人剛在政界嶄露頭角，並且也是一個很有魄力敢於挑戰的人物，對任何事情都抱有好奇心和好勝心，他的名字叫做路易士・勞斯。

但是這個路易斯・勞斯除了有冒險精神以外，他的性格還很穩重，對於做監獄長這個職務，他未必能接受，還需要注意一些講話的藝術，以便讓他的好勝心戰勝顧慮，而接受這個重任。

下面便是州長與勞斯之間的談話——

「辛辛那堤監獄缺一個監獄長，我打算安排你過去。」

「州長，我現在這麼忙，哪有精力去管理那個監獄呢？」勞斯嘴上這麼說，其實心裡是考慮的是去辛辛那堤監獄做獄長可不是什麼好差事，雖然州長的任命不好拒絕，但是這個監獄又是個難剃的頭，弄不好會在這上面栽跟頭，影響自己將來的發展。

州長看出勞斯的心事了，就欲擒故縱地說道：「這個監獄的確很麻煩，它需要一個非常有能力的人去管理，所以你不去，我也不會怪你的。」

州長的話反倒激起了勞斯的好勝心，他不希望被人小看，更希望體驗那種征服困難與挑戰困難的快感，他便抱著這種態度接受了州長的任命。當上監獄長的勞斯對監獄的制度做了一系列改革，又加入了很多人性化的管理細節，自他到了辛辛那提監獄以後，他手下的很多犯人很快都改過自新提前出獄了。而他也成為了一個在當時很有成就的監獄長。

領導教戰指南

充分信任不等於放任自流，權力一旦失去約束力，那後果將會不堪設想。尤其是領導者授出的權力，是一把雙刃劍，用得好能勇猛殺敵，用不好就會自相殘殺。

領導者對下屬人員的授權，並不是把所有的權力都下放，也不是放棄領導，例如重大戰略方針政策的決策權、對各項事務的監督檢查權、對權力的監控權、以及決策權等都應該掌握在自己的手裡，在能夠及時掌握各種資訊、掌握全局、很好控制局面的情況下，合理進行授權，使群體中各成員都有很好發揮。

領導者授權給下屬部門和人員是領導用人原則的集中表現，包括對授權人員的考察選拔、教育培訓、協調溝通、組織交流、授權控制、考評獎懲等多方面工作。

領導者不僅要熟練地處理好這些問題，還要運用各種管理技巧對授權人員施加影響，培養下屬人員的忠誠度和服從意識，將各種不同人才，放在不同的領導崗位上，發揮各自的專長。

5 小河變大海——讓人力資源發揮至最大

有一條孤獨的小河，最大的願望就是到大海裡去，跟那些朋友們在大海中一起玩耍嬉戲。當它把這個願望告訴祖母的時候，祖母告訴它說：「孩子，只要你朝著既定的方向去努力，就一定會成功的。」

小河聽了祖母的話，心裡便有了必勝的信念，便開始朝著大海的方向奔去。

翻過了高山，穿越了森林，還流經了很多美麗的村莊，小河知道，自己離大海越來越近了，離快樂也越來越近了，於是懷揣信念繼續前行。這天，一片沙漠擋住了它的去路，小河感到成功並不像想像的那麼容易，前面已無路可走，浩瀚的沙漠和酷熱的太陽對它來說是無法逾越的困難。

「大海對我來說永遠只是個傳說了。」小河望著沙漠興歎道。

忽然它聽到一種聲音在鼓勵它：「難道你就不會想個辦法嗎？你可以讓太陽把你蒸發到空中，然後再跟隨微風飄到大海去啊。」這是沙漠在提醒它。

「這個辦法太危險了，如果我在路途上遭遇不測，粉身碎骨，那我豈不是連生命都沒有了嗎？」

「你沒有試過，怎麼會知道行不通呢？太陽把你蒸發，微風把你吹起來，到了溫度適宜的地方，微風會重新以雨水的形式把你釋放到地面上，你又彙聚成了河水，那時你不是可以繼續你的夢想了嗎？」

「那我還是我嗎？」

「你還是你，也許你會有變化，那時因為你經歷了艱難險阻，變得更成熟了，你完全可以融入到大海博大的懷抱裡去了。」

小河聽了沙漠的話，便鼓足勇氣，投入到微風懷抱，再次向著它理想的彼岸——大海奔去。

人力資源不同於其他資源，有其創造價值的一面，也有其獨特的一面。如果管理隊伍過於穩定，缺乏競爭，職位得不到提升也受不到威脅，就會導致這些管理人員激情減退，工作熱情消失，造成人力資源退化。長期的穩定會使群體形同一潭死水，成員缺乏壓力和動力，不思進取，昔日的人才就會蛻化成庸才，造成資源沉澱，形成不必要的資源擱置。透過管理人員流動引進競爭機制，領導者就可以避免資源流失，剷除沉疴痼疾，優化組織結構，提高工作效率。

為了營造競爭氣氛，增強群體活力，調動群體成員的積極性，減少人力資源內耗，發掘人才，糾正人才放錯崗位、大材小用或小材大用的現象，領導者常常採用管理人員內部流動機制。合理的人員流動和調配，會使群體煥發出勃勃的生機。

無論是業務人才、技術人才、管理人才等各種人才，他們的知識結構、專業特長和性格特點各不相同，只有按照優勢互補的原則，根據群體的具體需求，進行動態配置，優化組合，才能使每個人在工作中都能找到適合發揮自己特長的崗位，才能好好發揮他們的能力，創造出最大的價值。同時使人力資源得到最合理的運用，確保領導者的領導力穩步提升。

據說有一家公司，採購部負責人從廉價供應商那裡進貨，後來因為供應商破產，導致公司採購部不得不尋找新的供應商，遺憾的是：新的供應商以高於實物的價格供應給該公司。

該公司的生產部門從外國引進新的設備和專業技術，因為對新機器保養操作失誤，造成新機器經常停止生產，最後不得不起用已經淘汰的舊機器。

該公司市場部需要一家廣告代理商，於是市場部負責人找到一家新開的廣告公司，因為新廣告公司對市場不太瞭解，對廣告規律不熟悉，造成一系列不良影響。

從上面可以看出這家公司管理十分混亂，造成這些混亂的原因是他們都喜歡把真相隱藏起來，因而造成公司領導判斷失誤。

綜上所述，領導者要做好下屬管理人員的新舊接替工作，合理有序，銜接好過度時期，才不至於出現管理層人員斷層。

6 不得不正視的真相——不怕不滿，就怕不言

淳化四年，宋太宗接到用黑布袋裝的一封信，信上言語粗魯，驕橫自大，且字跡潦草，宋太宗半天才看懂大致意思。

此事被宰相知曉後，便派人將寫信人抓捕歸案，宋太宗對宰相宋琪揮揮手說：「朕曾連續下詔書，准許平民議論國政，凡是上奏的書信，朕都一一看完。國內民眾不瞭解朝政的人，上奏所述言語粗魯不在少數，空泛不切實際者不勝枚舉，朕此舉本是讓平民所言上達天聽，使民間瞭解朝政，朝廷瞭解民間。儘管他們上書所言狂妄無禮，卿家也不必怪罪。」

領導教戰指南

領導是一門藝術，而與下屬人員的溝通，也是一種藝術。在實際的領導工作中，領導者要不斷地向下屬人員下達命令，提出要求，做出安排。

下屬人員對領導下達的命令，安排的任務心生不滿，或者由於領導者的做法不妥，領導者的戰略和措施下屬不理解，或者對於薪酬和福利待遇不滿意等等原因，都可滋生下屬和群體成員的不滿情緒，這也是常常會發生的事情。而有些重大事情，由於領導者處理不當而引發眾怒，處理起來就要謹慎小心了。

消除不滿情緒，平息眾怒，能表現出領導者的領導智慧和人際溝通的能力水準。

對待群體成員的不滿情緒，領導者要實事求是，認真調查研究，摸清他們不滿的根源，對症下藥，解決關鍵問題。下達命令時要講究方法，不能頤指氣使，傲慢無禮，對於任務要求要合情合理，在執行人的能力和職責範圍內，不能不切實際，強行命令。

下屬和群體成員有了不滿情緒，要態度誠懇，以誠待人，要給下屬和群體成員充分表達不滿的機會，充分聽取下屬和群體成員的建議和意見。

領導者要向宋太宗學習，善於傾聽和溝通，多方瞭解群體成員的心聲，瞭解他們的需求和所思所想。作為領導者，不怕人們不滿，就怕人們不說，有了不滿表達出來，不滿的情緒就會消解大半，而且也能讓領導這清楚問題出在哪裡，對症下藥，及時解決。

領導者不能閉塞言路，可以透過私下調查走訪，小型座談會，公開意見欄，電子郵件，個別談話等方式，及時瞭解下屬和群體成員的建議和意見，以此來進行多方面的溝通，增進彼此的感情，消除不滿情緒。

7 一個畫家和三個女人——裝神祕的力量

一次，法國著名畫家貝羅尼來到了瑞士，在風光旖旎的日內瓦湖畔，立刻被這裡的景色所吸引，他打開自己的畫夾，準備把這秀麗的湖畔風光收入畫冊。

薄霧籠罩的遠山，聳立山腰那座威嚴的教堂，山尖上的積雪，山腳下蒼翠欲滴的叢林，以及靜如處子的湖面，這一切在藍天的映襯下，顯得如此和諧與完美。正在他畫得如癡如醉的時候，走過來三位女士，她們認真地看著貝羅尼的畫，嘰嘰喳喳指點起來——

「這裡顏色稍淺，看起來沒有立體感。」

「這一塊的比例不合適，主次不分明。」

「湖面上是否應該有一艘遊船，這會更添加一些情趣。」

對於大家的指點，貝羅尼都一一接受，並改了過來，最後還跟三位女士誠懇地說了聲：「謝謝。」

後來三位女士又向貝羅尼問道：「先生，聽說畫家貝羅尼也來瑞士了，並且就在日內瓦，我們很想拜訪他，您知道他住在哪裡嗎？」

「不好意思，我就是貝羅尼。」貝羅尼微笑著回答。

踏破鐵鞋無覓處，誰能想到眼前這位就是貝羅尼呢？三位女士想起前日對這位畫家的指點，覺得自己有些班門弄斧，不由得面面相覷，有些尷尬，便不好意思地跑開了。

領導教戰指南

領導者的神秘，是指領導者要深居簡出，不宜經常出現在群體人員的視野裡，除了讓群體成員認識自己的戰略思路，重大事情和場合非要拋頭露面不可，其他時間應該儘量保持自己行蹤的隱秘性和生活的神秘感。

故作神秘是一種領導的策略，恰當的運用，能增強領導者威力。如果領導者的曝光率越高，其受敵面越大，其權力運作規律越容易被對手把握，越容易將自己的缺陷暴露在群體成員面前，轉移群體成員的注意力，削弱對領導方針關心和信任感，從而損害領導者的形象和威信。

尤其是領導者在位時間長久，其形象已經深入人心，適當的神秘，有助於消除負面影響。對領導者的具體情況瞭解越少，其威懾力越強，人心越穩定，對權力衝擊越小。

領導者的神秘感，有時也來自對很多事情的冷處理。很多事情，領導者不表態，不處理，故意讓局勢不明朗，就會令下屬和群體成員不敢輕舉妄動，同時還可利用這個時間，觀察各方面動向，瞭解清楚各方面的情況。直到時機成熟，抓住要害，一舉解決關鍵問題。這種冷處理的實際效果，反映了領導者高超的領導技藝。

領導者故作神秘感的根本思路在於增加對權力管理的彈性。很多事情和問題，可能局勢一時不夠明朗，領導者以不露面的方式來面對，將事情暫時擱置或推後。從一個較長的時間，較高的空間去看待、去把握，就會釐清問題的來龍去脈，看清問題的實質，更有利於問題的解決。

但是，故作神秘也要靈活機動運用，要根據實際情況妥善把握，要有針對性，掌握好分寸和尺度，擇機而用，適可而止。

8 威頓連鎖的成功——領導人的親情哲學

沃爾瑪連鎖超市是全球最大零售連鎖企業，如果你到創辦人威頓先生的辦公室去，常常會撲空，因為他經常會到各個連鎖分店去，跟員工在一起攀談聊天。威頓把員工看作是自己的同事，跟員工一起商談公司需要改善的地方和解決目前存在的問題，這種管理方式讓威頓受益匪淺，因為很多行之有效的方案都是員工提的。

威頓對員工的關懷無微不至，一次，他連續幾天都失眠，於是凌晨兩點他便起來想到批發中心看看去。那裡的員工已經開始備貨，威頓看了看他們工作的環境，詢問有什麼困難，員工說沒有什麼，只是天太熱，工作完洗澡不方便。威頓接著就安排下屬在批發中心的一個合適的位置裝了兩個淋浴室，以便員工下了班就可以洗澡。

威頓待員工像自家人，一次，他乘直升機到蒙特皮雷森鎮區，在離距離目的地還有一百英里的時候，他讓飛機停下，安排駕駛員到前面等他，而他則跟著沃爾瑪超市的一輛運貨卡車來完成這一百英里的路程，目的就是為了跟卡車司機交流意見。

為了培養員工的積極性和凝聚力，他還在每個週末的上午召開一次店面業績發佈會，讓每個店面的員工都把自己這一周的營業額公佈出來，業績最好的會得到一枚徽章，而且他們的名字還會榮登榜首。

讓我們來看看沃爾瑪企業的輝煌業績吧，一九七〇年該公司銷售額就從四千五百萬美元猛增到十六億美元，連鎖店店面從十八家發展到全球八千五百家，並成為全球擁有兩百萬員工的龐大零售連鎖企業。

而威頓之所以會得到如此巨大的成功，其秘訣就在於：他關懷自己的員工。

領導教戰指南

領導者對權力的高端控制，首重控制源頭，把握好整體權力運行的開關和樞紐，在關鍵時刻就要出來適當地開一下開關，調控一下樞紐，以便使其合理有序地運行。

領導者對亮相的時機和場合的把握非常重要，在不合適的時間，不合適的地點，出現在不合適的場合，就會得到糟糕的效果。

所以，一定要看準時機，例如重大事件，重大節日，下屬管理層調整和變更，協定簽署儀式等。領導者亮相，可以對重大問題發表講話，也可以走訪慰問下屬和群體成員，出席重要會議，獎勵有功人員等。

恰當地利用亮相機會，不僅能展示自己領導地位的存在，使對手心生威懾，保持足夠的壓力，而且能夠增強群體成員對自己感到親切和尊重，增加魅力值，使自己對群體保持足夠的感召力和控制力。

亮相是一種領導藝術的運用，這種方法要使用得當，畫龍點睛，才能活化整個領導體系，使自己的領導地位時時得到維護。如果不該亮相亂亮相，勢必會造成局勢的混亂，損害領導者的形象和威信。

深居簡出，低調行事，是領導者要保持的風格，但凡事都有度，深居不是隱居，要選擇合適的機會，合適的場合，經常露露面，與群體成員保持適當的聯繫，既能肯定自己的存在，又能加強與群體成員之間的關係，鞏固自己的領導地位。

成熟的領導者總是能很好地克制自己的表現欲，總是能審時度勢，根據局勢發展情況決定自己的進退，適當地退出人們的視線，適當地出現在人們的視野裡。

9 白白努力的一生——放下才是無人之境

「偉大的國王陛下，您的一生充滿了傳奇，那麼請問如果有一天您將要離開這個世界了，您最想說的話是什麼，或者說您最想告訴後人什麼？」一位大臣如此問亞歷山大。

「我沒有什麼多餘的話想說，當你們抬著我的遺體經過大街的時候，一定要記住把我的手放在棺材外面。」

在場的人都很吃驚同時也很疑惑：「為什麼要這樣？您的這種想法我們從來都沒有聽說過。」

「不管你們從前有沒有做過，但是你們一定要聽我的，一定要這麼做，這是我唯一的要求。」

「到底為什麼？」

亞歷山大說：「道理很簡單，把手放在外面，說明我兩手空空，我在世的時候，大家都看到了，我一生都在征戰，可是我死了之後腦海裡一片空白，什麼感覺也沒有。當人們看到我的雙手的時候，會明白我努力了一生，可是死的時候是徹頭徹尾的失敗。」

領導教戰指南

很多領導者都會貪戀自己的權力，對失去權力充滿畏懼和不舍，權力的魔杖會使人變本加厲地為了維護領導地位鋌而走險，甚至不惜做出損害群體利益的事情。

從權力的鼎盛到衰微到最終失去權力，會對領導者的心理和精神世界造成極大衝擊和影響。如何在權力晚期，調整好自己的心態，接受權力更替的現實，做好交出權力的心理和精神準備，是每個領導者都要面對的問題。騎虎難下也得下，做好心理準備，以平和的心態，愉快的心情去迎接失去權力後的新生活，實現人生轉軌、生活轉軌、精神轉軌，是領導者安度晚年的前提。

高明的領導者會為繼任者留下一筆寶貴的精神財富，如長久的發展戰略，奮發向上的拼搏精神，科學的管理經驗，優秀的專業人才，豐富的物質財富，穩定和諧的發展環境。扶上馬，送一程，使群體事業繼續沿著正確的軌道前進。這也是領導者最後的領導魅力展現，使領導力有效傳遞和發揮。卓越的領導者，永遠會把群體利益放在首位，為群體利益，不惜鞠躬盡瘁，死而後已。

10 福特主義——無字也是碑

在美國的大學生眼裡，他是一個偉人，他的地位僅次於耶穌與拿破崙，他最早採用流水線組裝汽車，他不但革命了工業生產方式，而且對現代社會和文化起了巨大的影響，他被稱為『汽車之父』，他的名字叫做亨利・福特。

「如果一輛汽車的火星塞比牛的乳頭還多的話，我也會束手無策。」亨利・福特曾經這樣比喻一個工廠勞動力浪費，員工潛力得不到充分發揮的現象。一九三一年，他率先採用流水線組裝汽車，他的這個做法大量的節省了勞動力，同時降低了生產成本，幾年以後，民用汽車的價格便降低了一半，汽車稱為普通的消費品走進尋常百姓家。

亨利・福特成功地使汽車生產從手工作坊踏入工廠時代，把一輛汽車的組裝時間縮短到十秒。在公司的規模逐漸穩固以後，在一次高層會議上，他又提出改善正在運行的流水線，以便在更大的空間裡發揮和提高生產率。可是這個提議卻遭到了多數人的反對，原因多種多樣，有的人認為目前的生產線工作效率已經很理想了，對設備進行改進純屬多此一舉；而有的人則認為亨利・福特的提議勢必會為公司增加新的經濟負擔，從某種程度上來說，這是一種風險投資，所以二者相比，他們更喜歡安於現狀。

針對這些反對的意見，亨利・福特當場為大家做了很具說服力的一個演示，他拿來一只盛有半杯水的杯子，「看到這個杯子和這半杯水，你們想到了什麼？」

「杯子裡還有半杯水，足夠我們解渴的了。」

「你們看到的是水，而我看到的一隻很大的杯子只盛了一半的水，你們不感到惋惜嗎？因為它完全可以盛滿水。同樣的問題，一個工廠如果想獲得真正的效益，就必須必須全力以赴地生產一種產品，這就好比我們的生產線以及我們的員工，如果我們管理得當，他們完全可以發揮的更好。現在我們要做的就是把水換到一個小杯子裡，而把大杯子用來發揮更大的作用。」

後來的一些社會理論學家將福特的這種思想稱為『福特主義』，它代表了這一時期的經濟社會觀點。

領導教戰指南

對於領導者來說，重要的不是權力的大小，而是運用權力為群體創造多少財富，做出多少貢獻。一個卓越的領導，不用樹碑立傳，就會被人們銘記在心，想忘掉也忘不掉。

蓋棺論定領導者的領導生涯，總會為群體和未來留下點什麼。一個卓越的領導者所應具備的品質和素養總結如下：

第一，品德比智慧重要，總是把群體利益放在第一位，以大局為重，心胸開闊，目光遠大，保持較高的精神境界和思想境界。

第二，智慧比知識重要，一生都要保持學習的精神，要始終有創新思想，不斷地鍛煉和提高自己分析和解決問題的能力。

第三，要忠肝義膽，勇於負責，善於決斷，遇事沉著冷靜，立場堅定，寧死不屈。

第四，把逆境看做機遇，把挫折當做磨礪，百折不饒，意志堅定，要有不達目的始不甘休的精神。

第五，把時間看得比金錢重要，既要善用使用自己的時間，還要善於利用全體成員的時間，有效地完成各項任務。

第六，要腳踏實地，從不需要本錢的事情做起，從群體的實際出發，帶領群體艱苦創業。

第七，要關心愛護下屬和群體成員，積極主動為他們排憂解難，以情動人，情景管理，贏得民心。

第八，保持良好心態，平和心理，不飛揚跋扈，頤指氣使。不求有功於世，但求無愧於心。領導者保持好良好的心態，寵辱不驚，氣定神閑，一心為公，兢兢業業，一定能成為人們敬仰和尊重好領導。

CHAPTER 6
站在權力之巔看天下

擁有領導的地位之後，該如何帶領群體走向成功之際？
擁有領導的權力之後，該如何面對時時刻刻的局勢變動？
站在權力之巔，你需要有更多的思考。

1 換個腦袋會更好——領導人的智慧

徐文長是中國明代著名的文人，他從小就天資聰慧，機智過人。在少年時期大人們都很喜歡他，尤其是他伯父，經常會出些點子來考考他的思想能力。

一天，伯父和徐文長來到河邊，河上架著一座橋身又窄又軟且貼著水面的竹橋。伯父立刻有了個新點子，他從農戶家借來兩個水桶，將水桶注滿了水，交給徐文長說：「你若把這兩桶水提著走過這座橋，就會得到一件你喜歡的禮物。」

徐文長知道伯父又想考他了，笑了笑，思索片刻後，找來兩根繩，將兩根繩的一端各拴住兩只木桶的把，然後脫了鞋，把兩桶水放到水裡，他一手拉著一根繩頭，踩著軟軟的橋面，輕輕鬆鬆地過了河。

過了河之後，徐文長向伯父索要禮物。伯父心想，我不能輕易把禮物給他，還得難為難為他。他把禮物繫在一根長竹竿頂端，又將長竹竿豎起來對文長說：「禮物自然要給你，至於你能否得到那就要看你的本事了。」徐文長剛要上前，伯父笑著攔住說：「不急，不急！

你要取它是有條件的，既不能登高去夠，也不能把長竿放倒。」伯父心裡暗自得意，覺得這下該把他難倒了。

徐文長抬頭看了看禮物，撓了撓頭，環顧了一下四周，頓時有了主意。他從伯父手裡拿過竹竿徑直朝一口井跑去，到了井邊把竹竿豎直插入井中，當他手能夠到竹竿頂部的禮物時，禮物就到手了。

伯父被文長的這一智慧舉動而為之驚歎，連連稱讚他聰明。

無法想像一個缺乏智慧的人如何去領導他人，特別是領導一個團隊或者群體。這是因為：解決問題需要智慧，處理協調人際關係同樣需要智慧。

領導者之所以要具有智慧，是制定戰略策略和實施方案的需要。領導者要從宏觀的戰略上，把握全局，規劃出集體整體前進方向、思路和所要實現的目標，還要制定出實現目標所需要的實施方案和行動，這些都閃爍著智慧的光芒。一個人缺乏智慧，自然無法領導眾人選擇正確的道路，實現長遠的目標。

一個人的判斷力和處理問題的能力，同樣離不開智慧，沒有智慧就無法對事物做出準確的判斷，不能進行正確的判斷，也就無法做出正確的決定，更無法採取正確的措施解決問題。

智慧是解決問題的利器，也是一個人思想和能力的結晶，人們的生活和工作，處處離不開智慧的作用。

一個領導者的協調能力，處理人際關係的能力，臨機應變能力，都表現出他所擁有的智慧。大智慧者必有大作為，大的作為正是整合各種資源，有效地組織領導各種力量，發揮群體優勢的突出表現。

智慧對於領導者來說，無異於一劑靈丹妙藥。有了智慧，面對各種問題就會有清晰的思路，就能夠預見事情的整體發展趨勢，從而做到有的放矢，針對性解決和應付群體和個人遇到的各種問題，以贏得群體人員的信任。

2 左宗棠與曾國藩——敵對陣營的競合

曾國藩是中國歷史上最有影響的人物之一，他和左宗棠同是湖南人，晚清時期，又同朝為官，但是二人性格迥異，素來不和，所以明爭暗鬥之事就時有發生。

左宗棠在曾國藩面前一向不拘小節，一天，左宗棠想去曾府議事，未經通報就直接闖入曾府內屋，不巧看見曾國藩正在為小妾洗腳，這可給了他嘲笑曾國藩的機會，他立刻脫口而出：「曾大帥替如夫人洗腳。」

曾國藩明白他的意圖，立刻回敬道：「左中堂賜同進士出身。」

這二人的一唱一和，看似平淡無奇，卻深藏奧妙，左中堂知道曾國藩原配夫人長的很難看，一臉的麻子，後來又娶了嬌美的陳氏為妾，並視為心肝寶貝，疼愛有加，還為她洗腳，所以左中堂故意點透他的心事，乃是話裡有話。而曾國藩也知道左宗棠會試屢屢不中，後來因為朝廷急等用人，才勉強同意，賜他為『同進士』出身，這便是左宗棠同進士的來歷，曾國藩一語道破天機，此對也屬妙不可言。

朝廷事務上，二人的意見多有不同，尤其是在朝廷與英國簽訂《北京條約》的問題上，更是存在很大的分歧。分析利害關係的時候，曾國藩覺得左宗棠的意見簡直不可理喻，心裡有些怒氣，便出言戲侃：「季子自稱才高，每與議論常相左。」

左毫不相讓，立刻反擊道：「國防外讓為藩，試問經濟有何曾？」

二人各點出對方治國方面的不足與缺陷，既是一種提醒也是一種扶攜。

在左宗棠危難之際，還是曾國藩出手相救，向朝廷力薦他為四品京堂襄贊軍務，掌握軍隊實權。

曾國藩離世以後，左宗棠反思過去和曾在一起共事的林林總總，才發現曾是一位虛懷若穀，坦坦蕩蕩的正人君子。隨之他給曾國藩寫了一副輓聯，『謀國之忠，知人之明，自愧不如元輔；同心若金，攻錯若石，相期無負平生。』

輓聯中感歎與自責，思念與讚美之情抒發的淋漓盡致。

在行為上，忠奸其實分界並不明確，而且是互相妥協，互相讓步，互相依賴的一種關係。沒有忠就無所謂奸，沒有奸，忠就沒有存在的必要了，忠奸兩種人生觀的人，都是領導者需要倚重的人。

忠奸兩種人，並非在對領導者的忠誠上表現截然對立的態度，恰恰相反，忠奸都可能是對領導者忠誠的，只不過表示忠誠的行為習慣會有所不同。忠者更善於從大局出發，考慮領導者的宏觀利益，對領導者的私欲進行抑制，對領導者的行為進行約束，使其不能因為個人的好惡而影響大局。且常常對事不對人，力求事情完美。

奸者處事，常常以領導者的好惡為原則，投其所好，想辦法滿足領導者的各種心願，處理問題對人不對事，只要能讓領導者滿意的事情，都會傾其全力去做。

領導者用好忠奸兩種人，就會使自己的領導工作得心應手，遊刃有餘。把握的原則是，忠奸並用，互相平衡，使之形成對立，互相制約和牽制，互為勝負，卻不揚此抑彼，破壞彼此平衡。

要讓雙方都要依賴領導者的力量才能與對方抗衡，哪一方實力過大，就要進行削弱，實力過小，就要進行扶持。忠者多給與道德和社會名譽獎勵，奸者要在物質利益上多給予獎賞，投其所好，用其所長，彼此抑制，使其各忠其事，全心全意為領導者做好各項工作。

忠奸就是陰陽，陰陽平衡，則領導地位鞏固；陰陽失調，這領導的地位動搖。所以領導者不僅要善於分辨忠奸，更要善用忠奸，才能使自己的領導力得到充分的發揮。

3 劉邦的用人之道——心中不需百萬兵

劉邦滅楚建漢後，群臣百官都沉浸在勝利的喜悅之中。這是一場不可思議的爭鬥，強大無比的項羽，到頭來美人、天下全丟盡，自己連個全屍也未保住。而原本勢單力薄，痞氣十足的劉邦卻獨攬乾坤，穩坐江山了。

在西元前二〇二年，劉邦在洛陽南宮內大擺慶功宴席，大臣們紛紛前來恭賀。席間劉邦一改平日的流氓習氣，顯出少有的莊重和儒雅，舉杯道：「諸位將軍，我想讓大家說說，我劉邦的勢力遠不如項羽，卻得了天下，而項羽那麼強大卻一敗塗地呢？大家盡可暢所欲言，我赦言者無罪。」

劉邦的話音剛落，大殿中一片譁然，群臣們眾說紛紜。議論過後，都武侯高起和信平侯王陵同時起身代表眾臣說道：「這都是因為陛下仁而愛人，領兵打仗攻城掠地，善待歸順的人，獎勵有功的人，勝利的成果與大家分享。而項羽則傲慢自負嫉賢妒能，對有功者百般挑剔，對忠賢者無端猜疑，有了戰功也不與人分享，這樣的人怎能不失敗呢？」。這席話得到大家的一致贊同。

劉邦知道他們的話是有道理的。四年前，他的得力幹將韓信就曾向他建議，若要以弱勝強，必須充份發揮把將士們的積極性，要『與天下同利』。並且還用『慢而侮人，仁而愛人』的對比打消劉邦的自卑心理，激起與項羽爭天下的鬥志，從而取得了如今的勝利。但是劉邦並不完全贊同高起、王陵的說法，他說：「你們只知其一，不知其二。論運籌帷幄，出謀劃策，我不如張良；治理國家，安撫民生，籌儲糧餉，我不如蕭何；帶兵打仗，橫掃千軍，我不如韓信。此三人都是傑出人才，我都用了，還能不奪天下嗎？而項羽連范增都不用反對其生疑，哪有不敗之理呢？」

卓越的領導者，要像劉邦那樣，心中不需要百萬兵，而只需擁有韓信這樣的優秀人才就可以了。韓信用兵，多多益善，劉邦用人，精而有效，這就是一個帥才和將才的區別。領導者要成為帥才，用好將才，這樣才能成就一番事業。

善用自己的部下，重在調整轉化部下的思想觀念和認識，使其符合自己的戰略要求，同時要瞭解部下的優點特長和精神需求，培養出符合自己未來需要的合適領導人，使其成為自己領導力的重要組成部分。

領導者什麼都可以被奪走，唯獨優秀的部下不能被奪走。得人才者得天下，鋼鐵大王卡內基就曾經說過，「帶走我的員工，把我的工廠留下，不久後工廠就會長滿雜草；拿走我的工廠，把我的員工留下，不久後我們還會有更好的工廠。」只要有了人才，又能充分合理地利用，那麼領導者的智慧和戰略就能夠很好地貫徹落實。

劉邦之所以能在楚漢之中贏得最後勝利，就是因為善用張良、蕭何、韓信等一大批有勇有謀之士。這也是他的團隊競爭力和戰鬥力所在。

東漢末年，為什麼魏、蜀、吳三國能從群雄逐鹿中異軍突起，吞併各路豪傑，最後形成三國鼎立的局面呢？主要是這三個統治集團各自擁有大量的一流人才。曹操、周瑜自不必說，白手起家的劉備，之所以能三分天下有其一，全因有諸葛亮、關羽、張飛、趙子龍等一干優秀人才。

國家如此，一個群體亦是如此。善用自己的部下，就是放大自己的能量，提升自己的領導力。

4 杯酒釋兵權——授權不是放權

陳橋兵變，宋太祖趙匡胤一舉奪得政權，從此黃袍加身，由一個昔日大臣搖身一變成為皇帝。可是做了皇帝的趙匡胤不到半年，就受到了手下兩位節度使的算計，他費了很大精力才得以平定此亂。隨後，他便憂心忡忡，每天坐臥不安，唯恐那些手握兵權的將軍們仿效自己兵變謀反，而使自己變為階下囚。

一次，他問趙普：「從唐朝末期數十年間，戰爭接連不斷，百姓怨聲載道，到底是什麼原因造成的？」

「原因很簡單，藩鎮節度使掌握兵權，各霸一方，自然有助於培養他們的勢力，想解決並不難，只要收回糧草與精兵，適度的削弱他們的勢力，而後把兵權集中到朝廷，天下自然就太平了。」

「我知道該怎麼做了。」

幾天以後，趙匡胤設宴在宮裡招待幾位大臣，被邀請的有石守信、王審琦等幾位老將。

席間，趙匡胤不住的唉聲歎氣，引起大臣們的疑惑與不解，他們忙問道：「眼下是天下太平之時，陛下還有什麼未了的心事嗎？」

「你們現在看我是一個皇帝，每日高高在上，接受眾臣朝拜，你們哪裡知道？我經常夜不能寐，還不如一個節度使過得舒心自在呢？」

「敢問陛下有什麼難處嗎？」

「很簡單，皇帝這個位置誰不垂涎啊？」

幾位大臣聞聽此言，覺得皇帝是有心懷疑自己將來會發動兵變，他們下跪道：「陛下多慮了，誰會有此野心呢？」

「人心難測，我相信你們沒有那個意圖，但是不能保證你們手下的兵將沒有那個想法啊？」

「那怎麼才能絕此後患呢？」

「你們把兵權交出來，我安排你們回到地方上做閑官，同時補償各位一些金銀財寶，用來買點田產房屋，將來也好給子孫後代留點家業，如此安度晚年，豈不樂哉。」

「感謝陛下想得如此周到。」

酒席散盡，大家各自回府。

第二天一上朝，石守信、高懷德、王審琦、張令鐸、趙彥徽等幾位大臣便假借年老體衰身體不適為由，請求辭去兵權。

隨後，趙匡胤又與幾位大臣聯姻，把女兒嫁給石守信和王審琦的兒子，把妹妹嫁給高懷德，他的三弟則娶了張令鐸的女兒。

收回兵權以後，趙匡胤從地方軍隊挑選出精兵，編成禁軍，由朝廷直接控制，透過這些措施，新建立的北宋王朝開始穩定下來。

領導教戰指南

領導者對權力的掌控，就是對人的掌控。領導者面對千頭萬緒、紛繁複雜的事務，即便精力再旺盛，能力再超群，也不能面面俱到，處理好每件事情。所以如何恰當地授權與人，發揮屬下與群體的整體力量，是衡量領導力高低的要素之一。

有些領導者擔心把權力授予別人後，會把事情弄壞，或者背離自己的意願，與自己爭權奪利，威脅自己的領導權威，因此事必親躬，陷入瑣碎的日常工作事務包圍中，成為碌碌無為的事務主義者。眉毛鬍子一把抓，最後空落一身忙，什麼事情也做不成。

透過授權，領導者要把自己從具體的事務中解放出來，重點進行管理工作；要把精力用在戰略思考和戰略制定上，抓大事、抓重點、抓關鍵，指引方向，把握全局。

領導者的授權範圍包括以下幾點：

第一，自己沒有時間去做的事情。

第二，下屬可以做得更好的事情。

第三，自己能做好，但並未能充分利用自己的才能，大材小用的事情。

第四，有意識培養下屬的能力，自己又能充分掌控的事情。

授權是一種權力延伸，為此，領導者在對下屬授權時，一定要注意權力分佈的合理性。授權要均衡，要相互制約，互相監督，對一個部門或下屬授權過多時，要考慮到其威望和能力，是否會得到群體其他成員的認可。

同時，要對所授權力有足夠的掌控能力，不能造成授權失控，對下級失去控制力和約束力。嚴防下級越權，不聽命於自己的領導，出現侵犯自己職權的現象，從而使工作脫離自己設計的軌道，造成工作的被動和混亂。

5 少年康熙除鼇拜——刑罰立威信

西元一六六一年順治帝駕崩，年幼的愛新覺羅·玄燁繼位，這便是康熙帝。鑒於當時繼位的康熙只有八歲，還不具備處理國家大事的能力，所以在遺詔裡，順治帝安排由索尼、遏必隆、蘇克薩哈和鰲拜四大臣輔佐年幼的康熙。

鼇拜出身將門，精通騎射，伯父是清朝的開國元勛之一，二哥亦是清初軍功卓著的戰將，鼇拜本人亦隨皇太極南征北戰，戰績赫赫，立下過汗馬功勞。西元一六四六年鰲拜出征四川，在南充大破大西軍軍營，斬張獻忠於陣，因此以首功被順治皇帝升為二等公，被授予議政大臣和皇帝禁衛軍司令，從此鼇拜便參與朝政。

順治帝的厚愛激發了鼇拜潛在的野心，尤其是在他掌握兵權之後。在四位輔政大臣裡，索尼年老多病，遏必隆生性庸懦，蘇克薩哈因曾是攝政王多爾袞舊屬，根本得不到其他輔佐大臣的信任，這種背景便愈發滋長了鼇拜篡權的念頭。

鼇拜暗中穩固自己的勢力，開始一步步設計陷害與他不和的大臣，首先是戶部尚書蘇納海，其次是直隸總督朱昌祚。在康熙帝十四歲的時候，鼇拜勾結同黨誣告蘇克薩哈，欲制其死罪，鑒於當時鼇拜勢力已是牢不可破，朝廷為避免鼇拜起兵謀反，只得忍痛殺了蘇克薩哈。

鼇拜越來越猖狂，已經到了可殺不可留的地步，康熙帝對他的行為已瞭若指掌，決心除掉他。於是便召集了一批少年在宮裡練習摔跤，鼇拜常進宮裡，見到這些少年也不放心上，以為不過是陪皇帝玩鬧的。

一天，康熙跟那些少年說：「你們的技藝練了這麼長時間，今天我要檢驗一番，一會兒宮裡進來一個老頭，他雖然也有一點武功，不過你們不要害怕，如果能擒住他，我會給你們重賞。」

鼇拜進宮議政就像是在自家後花園閒逛一樣，經常是獨來獨往。這天，康熙又找他來議政，他便大模大樣的來了，剛跨進內宮的門檻，那群練摔跤的少年便一起圍上來，他們抱住鼇拜的大腿和胳膊，把他扳倒在地，隨即拿繩子綑了起來。鼇拜在沒有防備下，就被捕獲了。

鼇拜被關進大牢，接下來康熙便召集大臣們全面調查鼇拜的罪行，此時鼇拜的一些同黨一看大勢已去，也出來揭發鼇拜的一些陰謀。自此，鼇拜陰謀篡權的詭計便大白於天下。

按照大臣們的意思，鼇拜應當立即問斬，可是康熙念他曾為滿清江山立下過汗馬功勞，便把死罪改成終身監禁，叱吒風雲的一代驍將就這樣被戲劇性地收監入獄，鼇拜在獄中越想越氣，一個月以後，氣急而終。

領導教戰指南

懲罰是實施領導權的重要措施，也是領導力的重要保障部分。領導者做出授權後，下屬和群體成員執行命令，開展工作，解決問題的過程，不可避免會發生錯誤，造成損失，或者發生越權侵權現象，或者發生違法紀律情況，凡此種種不利於群體利益實施的錯誤行為，都要受到相應的懲罰，以儆效尤。

獎懲是同一措施的兩個方面，是相輔相成、不可分割的，是相互對應、缺一不可的。所以在獎懲制度實施過程中，常常是激勵和懲罰並舉，賞罰分明，平衡穩定，共同起到服從領導、維持制度順利貫徹實施的作用。

日立會社的董事長倉田主稅是一個賞罰分明，恩威並施的典型人物。自一九五〇年日立會社成立以來，公司內部從未發生過一起罷工或者是糾紛事件。這並不是指倉田主稅待員工像親人一樣寬容與大度，而是得益於他賞罰有度的管理措施。

一個企業要想成功與發展，離不開科學的管理制度。科學的管理制度是適時適度的獎罰措施，可以促使和激勵企業員工更高效率生產和工作，推動企業向前發展。

而科學的管理制度，是提供一個穩定的工作環境的最大保障，而穩定的工作環境又是成就工作業績的堅實後盾。讓自己的員工有一個歸屬感和集體凝聚力也是必不可少的，為了達到這個目的，倉田為這些替公司立下過汗馬功勞的員工們提供優厚獎賞，比如為他們提供價格低廉的房屋，為他們上下班提供班車，還免費為他們提供文學讀物，並且有結婚補助金和死亡撫恤金等，這些都是人性化的管理措施。

但是，對於一個公司來說，除了有獎罰分明的措施以外，緊迫感和壓力感也是必不可少的條件之一。倉田主稅在最初被任命為日立社長時，曾經雷厲風行地裁減了百分之十六點五的員工，透過這一系列行之有效的改革措施，他最終把員工都緊密地團結在了一起。

倉田主稅曾經這樣形容自己的管理制度：「所謂的賞罰分明，就是一推和一拉的藝術，推就是懲罰，而拉就是獎賞與鼓勵，而一個企業能夠把這二者巧妙的合二為一，合理把握並靈活運用，便是企業成功的秘密所在。」

獎懲遵循的基本原則是公平公正，適用每一個群體成員，尺度標準統一，執行力度統一，獎勤罰懶，從而起到引導、規範、約束的作用。同時強化群體成員的服從意識，確保對領導者的絕對服從。

運用懲罰手段要適度，把握好獎懲的分寸和尺度，過輕和過度懲罰，都會產生不良作用，影響懲罰的效果，增加懲罰成本，破壞懲罰的公正性。過重的懲罰，會令群體成員感到不公，失去對領導者的認同，削弱對領導者的服從意識，甚至產生消極怠工，破壞制度和秩序的情緒；懲罰過輕，又會導致失去懲罰措施的嚴肅性，不能引起群體成員對錯誤和造成的損失的足夠重視，達不到教育約束群體成員服從領導的作用，導致同樣的錯誤可能繼續發生。

領導者運用懲罰手段的能力，就是領導者控制權力的能力表現。懲罰的震懾作用，要遠遠大於懲罰本身獲得的利益。進行有效的懲罰才能規範下屬對自己所授權力的合理使用，不越權，不侵權。

6 最毒婦人心——給點顏色大家瞧瞧

北魏文成帝死後，二十四歲的馮太后掌握了魏國的國政大權，雖然她事業一片輝煌，內心卻非常空虛，於是她開始獵尋男色來填滿自己的空虛。

北魏尚書李敷的弟弟李奕長的一表人才，馮太后對他非常寵愛。恰恰此時，獻文帝收到彈劾李奕的奏章，這是一個打擊馮太后勢力最好的時機，於是獻文帝親自派人調查李奕的案子。這事被李奕的哥哥李敷知道後，他為了保全自身，顧不得兄弟之情，將自己的弟弟李奕出賣。獻文帝派出調查李奕和李敷的官員就將結果報告給獻文帝，獻文帝看了，十分憤怒，立即派御林軍將李奕、李敷等人打入大牢，擇日問斬。從始至終，這件事始終瞞著馮太后。

李奕與李敷死後，馮太后才發覺自己的處境，她知道皇帝這是在向自己的權威挑戰，可是染上權力癮的馮太后怎麼可能心甘情願將大政歸還於人。於是，她立刻從失去李奕的悲痛中清醒過來，召集自己手下的人，逼獻文帝下臺，並將其毒殺。

失去了李奕，馮太后在朝廷中再也找不出像他那樣帥氣的男子。此時，官至給事的李沖開始走進馮太后的生活，李沖上書馮太后，提出『三長制度』。馮太后看了後，被李沖的才華所深深打動。於是，思春的馮太后派心腹傳召李沖。從此，李沖的才華得以施展，而馮太后憑藉自身的魅力征服了不少的人才。其中乙太書令王睿為代表，此人不僅僅是貪戀馮太后的美貌，而是對馮太后情深意重。他曾為了馮太后的安全，獨身與老虎搏鬥，最後將老虎擊退。

領導教戰指南

這一類懲罰要注重典型性，要注意懲罰的時機，懲罰人選，以及懲罰的效率。這樣的懲罰，一定要事實清楚，證據確鑿，危害不一定嚴重，但性質嚴重，正可以借題發揮，整肅群體紀律，樹立領導者的威信和領導權力的嚴肅性。

既然給對手和群體人員一點顏色看看，那麼懲罰就不再是目的，而是一種手段，為此，把握好時機就非常重要。

在時機上，領導者初上任需要樹立威信，或者群體的秩序發生混亂，需要整頓，以及領導者威信受到挑戰，競爭對手咄咄逼人的時刻，都是關鍵時機。

在懲罰對象的選擇上，一是可以擒賊擒王，抓住地位高，有一定威信的人，這樣有說服力。二是拿自己信得過的人開刀，以展示自己鐵面無私的一面，震懾對手和群體成員，起到標竿作用。

同時自己信得過的人，容易溝通有配合默契，棄卒保車便是代價少效果好的一種策略。

懲罰的方式很多，可以部分或全部剝奪被懲罰者的權力，也可以是物質利益的懲罰，降薪或者罰款。還可以是精神處罰，批評教育，公開道歉，記過處分。這種處罰，要把握適度，起到敲山震虎，殺雞給猴看的效果即可，不可一棍子打死，弄巧成拙，加快自己領導權力的喪失和領導地位的傾覆。

對受罰者，要進行好後期的安撫工作，使其認識到自己的錯誤，心服口服，甘願接受處罰，並積極工作，這樣會更有說服力，更有利於維護領導者的地位和權力。

7 關注的角度對了嗎──溝通是永遠的功課

一個成功的汽車銷售商不僅會推銷自己的汽車，而且還要會察言觀色，適時適度的讚美和誇獎那些有意買車的客戶，讓他們知道自己的決定對銷售商來說是多麼的重要。從某種意義上來說，後者甚至比前者更重要。

整個下午，喬・吉拉德心情都非常好，因為他的公司來了一位名人，指定要買他們的汽車，喬・吉拉德很熱心地向他推薦幾款眼下最流行的汽車款式，並且一遍一遍地向客戶說明這幾款汽車的優勢所在。那位名人心裡自然也很高興，他說：「你知道我為什麼要買汽車嗎？」

「先生，像您這身份的人就該有一輛自己的車。」

「我早就有車了，我這是為兒子買的。」

「您兒子也該有輛車。」

「我兒子今年以最優異的成績被保送到密西根大學念醫科。」

「我覺得這款車對他來說再適合不過了，您真很有眼光。」

「我兒子從小就非常有個性，不僅酷愛各種體育運動，假期裡還到貧困地區去幫助那些上不起學的孩子，他說將來要學醫，為那些貧困的人看病。」

「您兒子不錯，您也是一位偉大的父親，先生，您覺得這款車怎麼樣？」

「兒子是我最大的驕傲，所以為他做什麼我都甘心情願。」

說著他們一起來到繳費處，此時買車人依然興致勃勃地談論著自己的兒子，當他正要付款時，卻看到喬・吉拉德在跟另一個人嘻嘻哈哈地說一些不痛不癢的玩笑話，他突然猶豫了一下，說：「對不起，我還沒考慮好，這車我不買了。」說完轉身離去。

到手的買賣怎麼突然就變卦了呢？喬・吉拉德冥思苦想，也沒想出個所以然，到了晚上他實在憋不住了，就給那個買車人打了個電話：「您好，我是喬・吉拉德，您記得下午來我們公司看過汽車吧？您一直對我所介紹的車型很滿意，卻為什麼最後又改主意了呢？」

「你知道現在是幾點了嗎？」

「對不起，先生，現在是晚上十一點。」

「看來你是真想知道原因，那麼我告訴你，整個下午，你所關心的都是我會不會買你的車，我提到我的兒子，你根本沒往心裡去，所以我有理由不買你的車。」

領導教戰指南

溝通的過程就是獲取資訊和提供資訊的過程。溝通是人類一切活動的基礎，溝通的成功與否來自於三個方面的因素，溝通的內容、溝通方法和溝通的動作，這些因素都會為一個目的服務，那就是是否能準確地傳達出自己的想法和願望，並能被對方充分正確地理解。其中最核心的問題是溝通者表達的內容，傳遞的資訊是否可靠並且適用。

領導與群體成員之間的溝通，一般有交流意見，語言行動勸說，教授問題，答疑解惑等多種方式，領導者要想在這種溝通中如魚得水，遊刃有餘，高效便捷，就要培養出高效溝通所需要的各種技巧。

第一，領導者要有自信的態度。不自信，沒信心，溝通就無法進行，同時還要抱著一個真誠的態度，坦誠相待，開誠佈公，而不能採取欺騙的方法。

第二，做好充分的準備。要目的明確，思路清晰，把要溝通的問題想清楚，弄明白，分清主次，列出綱要，想好細節。

第三，用最容易理解，最容易把問題說清楚，表達最準確的語言，向對方傳達自己的意願和想法。不能含糊不清，或艱澀難懂，也不能釋放煙霧，迷惑對方，產生不必要的歧義。

第四，要體諒他人的行為，理解別人的不同意見和反對的態度，認真聽取對方意見。

第五，以情動人，透過感情的溝通，加深對方對自己意願的理解和認可。領導者良好的溝通能力，能夠減少群體成員對自己的誤解，更願意回答自己提出的各種問題，更願意接受自己的命令和安排，以貫徹自己的意圖，更加支持自己的工作和領導。

8 尋牛不是逐鹿——別想偏離主題

莊園裡的一頭正在幹活的牛掙脫繩索跑進樹林裡去了，這是個農忙季節，丟了牛可怎麼耕地？主人趕緊讓兩個僕人去追，這兩個僕人放下手裡的活計就往樹林方向跑去。

主人在翹首以待，可是這兩個僕人跑進樹林就沒了蹤影，一個小時過去了，依然沒有動靜，焦急萬分的主人也跑進樹林，想看看到底是什麼情況。

主人家的這兩個僕人，各有各的特點，一個精明，一個木訥，精明的那個心眼很多，凡事都想投機取巧走捷徑，而木訥的那一個總是勤勤懇懇，按部就班地幹活過日子。

主人跑進樹林裡，看到那個精明的僕人正在原地走來走去，像是在思考什麼問題，就有些生氣的問道：「你在這裡幹什麼呢？我的牛跑哪裡去了？」

「主人，你猜我剛才看見什麼了？兩頭鹿，你知道鹿茸的價值遠遠超過一頭牛，要是抓住牠們，我們還需要種地嗎？既然不種地還要牛幹什麼？」

「對，那兩頭鹿在哪裡？」主人對僕人的話很感興趣，連忙問道。

「我剛才去追了，不過它跑的太快了，我沒有追上，不過我看見牠們腿是瘸的，相信牠們不會跑太遠，我一會兒再去追，肯定能追上。」僕人說完，就起身追鹿去了。

精明的僕人追鹿去了，木訥的僕人卻從樹林裡牽著主人跑丟的牛回來了，結果精明的僕人在樹林裡繞了多半天，也沒有追上鹿，等他回到莊園時，那個木訥的僕人已經做完所有工作了。

主人後來就再也不相信那個精明僕人說的話了，他覺得這個人有些好高騖遠，不切實際。因為他明白了一個道理，那就是『一鳥在手，勝過二鳥在林』，就是說看似賺錢的大生意其實很多都只是一個構想，而牢牢把握住眼前的利益才是最切合實際的。

領導教戰指南

能抓重點的人，都是遇事不慌，心有主見，意志堅定的人，不會人云亦云，輕易改變自己的主意。

領導者把握主題的能力，就是抓主要矛盾的問題。主次分明，思路清晰，透過現象看本質，總是在最關鍵時刻解決關鍵問題。這種能力的培養，也不是一朝一夕能解決的。領導者的實踐經驗和學習精神，以及性格等因素，都會對這種能力有影響。

第一，要有不怕困難的精神，敢於面對困難，克服困難。歷經磨礪才能練就火眼金睛，豐富的閱歷自然會增加意志力和鑒別是非的能力。

第二，要有廣博的知識儲備，並善於學習。知識能使人聰慧，能使人視野開闊，胸懷大局，從整體利益出發考慮問題，進而更有利於抓住主要問題，分清主次，綜合分析，找到最合理的解決辦法。

第三，要意志堅定，不能輕易轉移注意力，不能被紛繁的雜事幹擾，不能被各種意見左右，而是抓住主要問題，從主到次，循序漸進地解決。

第四，要培養自己敏銳的洞察力和判斷力，遇事不慌，透過現象看本質，做事果斷，精力集中，即使受到外界幹擾偏離了主題，也要及時發現，及時回歸主題，直到解決問題。

葛底斯堡國家公墓舉行揭幕式，林肯接到邀請，準備動身前往，他的助手安排人忙前忙後的，因為他擔心總統會趕不上火車。

林肯便對助手講了一個故事：「你們讓我想起了盜馬賊的故事，有一個國家處死一群盜馬賊，在通往刑場的路上，擠滿了看熱鬧的人群，他們把道路都堵上，囚車不能按時到達。看熱鬧的人越來越多，最後犯人有些急躁，他站在囚車上喊道：你們急什麼？我到不了刑場，你們還有什麼熱鬧看？」

對市場形勢瞬息萬變，機會稍縱即逝，企業領導者必須時時刻刻圍繞市場，抓住核心問題進行經營管理工作，帶動員工的積極性，以市場為核心，服務為主題，滿足顧客的需求。只有如此，企業才能在正確的軌道前進，贏得顧客的信任，獲取更大的利潤。

9 鳴鏑退羌兵——出手非同凡響

歷史上的虞詡是一個膽略過人而又足智多謀的人物，經常為朝廷出謀劃策平定叛亂。永初四年，羌人大舉進攻，先後攻佔了並州和涼州，太尉李脩召集眾臣商議反攻的辦法，卻遭到了大將軍鄧騭的反對，他說：「國家近來連年爭戰，各地兵力已明顯不足了，戰鬥定要從別處抽調大量的人力物力，如果那樣做無異於拆東牆補西牆，我看不如放棄算了。」

眾臣聽了也頻頻點頭，同意鄧騭的說法。

可是虞詡卻有他自己的看法，他跟李脩說：「涼州人歷來聽從指揮，因為他們知道自己是跟我們一樣的漢人，如果我們放棄涼州，勢必會讓涼州人遭受背井離鄉之苦。如此一來，涼州人能沒有怨言嗎？萬一有人趁機聚眾叛亂，那後果不堪設想。如果放棄了涼州，那就只能以三輔為邊塞，如果那樣的話，皇家的陵墓就暴露在外了，我們又如何對得起先帝呢？」

李脩便問虞詡有何良策。

虞詡說：「涼州現在局勢動盪不安，百姓惶惶不可終日，現在最主要是先安定民心，讓百姓知道我們是不會放棄涼州的。眼下最要緊的是從當地任命有威望的豪傑做屬吏，攘外必先安內，給他們一定的權力，便不會圖生事端。」

虞詡的才幹得到了鄧太后的賞識，就封他為武都太守。虞詡上任後，便在民間精選青壯勞力，加緊操練，其中最出色的有高慕，高慕江湖藝人出身，騎馬射箭，刀槍棍棒，樣樣精通，又有平民出身的紀嘉，他善使大斧。

元初二年，羌人進攻武都，但他們畏懼虞詡，所以不敢冒然進攻，便守在陳倉崤山，悄悄觀察情況。崤山這地方地勢險要，易守難攻，虞詡兵力又不足，所以只能巧取不能硬攻。

為了分散羌人的兵力，虞詡向外界散佈說：「羌人勢力強大，有據守險要關塞，我軍勢單力薄，不敢應戰，我已向上奏求援，一切等援軍來了再說。」

消息傳到羌軍那裡，羌軍立刻放鬆了警戒，不再嚴守陣地，而是四處去搶奪財物。

趁這期間，虞詡的部隊抓緊時間向武都方向疾馳，並且半路上，為了迷惑敵人，他們還故意多增設了鍋灶，讓羌人看了以為兵力很多的樣子。

虞詡率精兵三千行至武都，與羌人遭遇，虞詡的部隊頑強奮戰，數次擊退羌人。高慕衝在最前面，刺敵人於馬下。羌人用弩搭箭射向高慕，此箭名叫『鳴鏑』，乃用骨頭製成，射出時呼呼作響，當年冒頓之父稱王便使用的此箭，不過這次卻被高慕接住，反射向羌人將領。

第十天，羌軍進攻赤亭，到了城下，虞詡令弓箭手分成小組，排列整齊，像一個人射箭，羌人銳氣大減，抱頭鼠竄。高慕隨即打開城門，率眾將士乘勝追擊，這次戰鬥打的羌人潰不成軍，虞詡大獲全勝。

領導教戰指南

關鍵時刻敢出手，出手就是必殺，要具備這種能力，核心問題是要鍛煉自己判斷事物的準確性，能透過紛繁的現象看透本質，找出問題的關鍵所在，用最有效的方式一舉解決問題，達到事半功倍的效果。時機最好，方法最對，自然結果就是最佳，效益就是最大。

要做到下手快、狠、準，領導者還要始終保持自己的創造性思想。世界上不會存在兩個相同的問題，領導者實施領導力過程，也會遇到各種各樣的問題，由於思想的慣性，人們常常會不自覺地利用經驗和熟悉的方法來判斷問題和解決問題，造成失誤和偏差，忽略問題會由於新環境和新條件帶來的變化。

為此，領導者要有開放的心智，不為成見所左右，始終保持思想的多角度和獨立性，要同中求異，異中求變，變中求新。這種變和新，是立足現實、立足環境和條件，建立在敏銳的觀察和深入的思考之上，是拓寬思想領域，觸類旁通的結果。更能準確地把握事物發展的內在規律，揭示出問題的本質，找到解決問題的有效辦法。

領導者要做到思路常新，看問題總是能抓住關鍵，就要有寬廣的胸懷，要多聽取別人的意見和建議，多學習，多觀察，多思考，不斷激發自己的創造性靈感，並吸收別人的創造性想法，營造良好的思想創新環境氣氛。針對現實問題，開動腦筋，勤於思考，努力提高自己解決問題的能力。

10 伺機而動——權力鬥爭間的思想

商朝最後一個國王叫紂，他是中國歷史上有名的暴君。他興建華麗的瓊樓瑤台，整日以酒為池，以肉為林，和愛妃妲己以及貴族們宴飲酒池，為了滿足自己的享受，紂王就加重賦稅，使社會矛盾越來越尖銳。百姓起來反抗，他就用重刑鎮壓。他設置了炮烙酷刑，把反對他的人綁在燒得通紅的銅柱上活活烙死。叔父比干規勸他，他竟兇狠地挖出了比干的心。紂王的殘暴統治激起了人們的反抗，動盪不安的社會像燒開了的水那樣沸騰。

這個時候，活動在渭河流域的姬姓周部落逐漸強大起來，首領周武王姬發正在積極策劃滅商。他繼承父親文王遺志，重用姜尚等人，使國力增強。當商的軍隊主力遠在東方作戰，國內軍事力量空虛之時，周武王聯合各個部落，率領兵車三百輛，虎賁（衛軍）三千人，士卒四萬五千人，進軍到距離商紂王所居的朝歌只有七十里的牧野（今河南淇縣西南），舉行了誓師大會，列數紂王罪狀，鼓勵軍隊同紂王決戰。

周文王在完成伐商大業前夕逝世，其子姬發繼位，是為周武王。他即位後，繼承乃父遺志，遵循既定的戰略方針，並加緊予以落實：在孟津（今河南孟津東北）與諸侯結盟，向朝歌派遣間諜，準備伺機興師。

當時，商紂王已感覺到周人對自己所構成的嚴重威脅，決定對周用兵。然而這一擬定中的軍事行動，卻因東夷族的反叛而化為泡影。為平息東夷的反叛，紂王調動部隊傾全力進攻東夷，結果造成西線兵力的極大空虛。與此同時，商朝統治集團內部的矛盾呈現白熾化，商紂飾過拒諫，肆意胡為，殘殺王族重臣比干，囚禁箕子，逼走微子。武王、姜尚等人遂把握這一有利戰機，決定乘虛而入，大舉伐紂，經過牧野之戰，一戰而勝，結束了商王朝的統治。

領導者貫徹自己的領導力時，一定會遇到許多的障礙和阻力，至於採用什麼樣的方法，才能使領導權力成為驅動人們行動，執行任務，完成要求的動力？如何使競爭對手處於被動地位而失去主動權，喪失競爭的能力呢？這就是領導藝術的考驗。

權力競爭一般都會來自內部，或是自己的上司，或是與自己處於同等地位的同事，或是自己的下屬，對權力的爭奪是一個鬥智鬥勇的過程，下手要狠，方法要妥，一招制敵，一步到位。因為權力競爭不是遊戲，失去機會，就再也不會重來。

擊潰對手的方法很多，對自己的上司，要耐心，要看准機會，不可輕舉妄動，抓住軟肋，或借助上司出現錯誤的機會，果斷出擊，突然施以殺手，一鼓作氣，取而代之，不能猶豫不決，給對手反將一軍的機會，那樣就會功虧一簣，永遠難以出頭。

對待自己同等地位的同事，要採取近身搏擊的策略，要打好感情牌，拉攏利用，麻痹其意志，讓其喪失進取心，然後借助上司的力量，排擠打壓，令其不再對自己構成威脅。

對待自己的下屬，要認清其真實目的，只對那些想奪權篡位的下屬，提高警惕，防範制約。如果威脅太大，可以找機會剪除。對於其野心還處於萌芽狀態的下屬，要及時給予警示，可以利用其工作過失，懲罰處理，適當約束，同時培植其他力量對其監督制約。

國家圖書館出版品預行編目（CIP）資料

讀故事,學領導 / 呂勇逵作. -- 第一版. -- 臺北市 :
樂果文化, 2014.3月
面； 公分. --（樂經營 ; 8）
ISBN 978-986-5983-62-8（平裝）

1.企業管理 2.通俗作品

494.2 102027619

樂經營 008

讀故事，學領導

作　　　者／呂勇逵
總　編　輯／陳秀雯
責 任 編 輯／韓顯赫
封 面 設 計／三樂設計有限公司
內 頁 設 計／菩薩蠻數位文化有限公司

出　　　版／樂果文化事業有限公司
讀者服務專線／(02)2795-3656
劃 撥 帳 號／50118837號 樂果文化事業有限公司
印　刷　廠／卡樂彩色製版印刷有限公司
總　經　銷／紅螞蟻圖書有限公司
地　　　址／台北市內湖區舊宗路二段121巷19號（紅螞蟻資訊大樓）
電　　　話／(02)2795-3656
傳　　　真／(02)2795-4100

2014年3月 第一版　　定價／250元　　ISBN978-986-5983-62-8
2014年6月 第一版第二刷